虫めづるばぁばの
里山の虫図譜

Illustrated book of satoyama insects
by insect-loving grandma

ヒメアカタテハ（*Vanessa cardui*）

本田尚子
Takako Honda

共同文化社

はじめに
Prologue

　「あそんでく？」今日も虫が私を呼びとめる。私が住むのは、茨城県南の住宅地。5分歩けば田んぼに出る。道の反対側には雑木林があり、30分も歩けば小貝川の土手に出る。春にはキジが遠くで鳴き、上空にはサシバが舞う。

　深い森はなくても、小さな体の虫たちは人の営みのすぐ近くにひっそりと暮らしている。虫をエサにしている捕食者も多いけれど、それも自然の在りよう。自然のネットワークの重要な一員として、身を隠しながらたくましく生きる虫たち。時たま私の前に姿を見せてくれる彼らに会うのが楽しみで、私は里山を歩く。彼らの姿が好きで、絵に描く。絵を描きながら、やっぱり虫と遊んでる。

アオスジアゲハ（*Graphium sarpedon*/45 mm）

Contents

イタドリにコアオハナムグリ
（*Gametis jucunda*／12.5〜15 mm）

サクラタデにベニシジミ (*Lycaena phlaeas*/17 mm)

虫の大きさの測り方

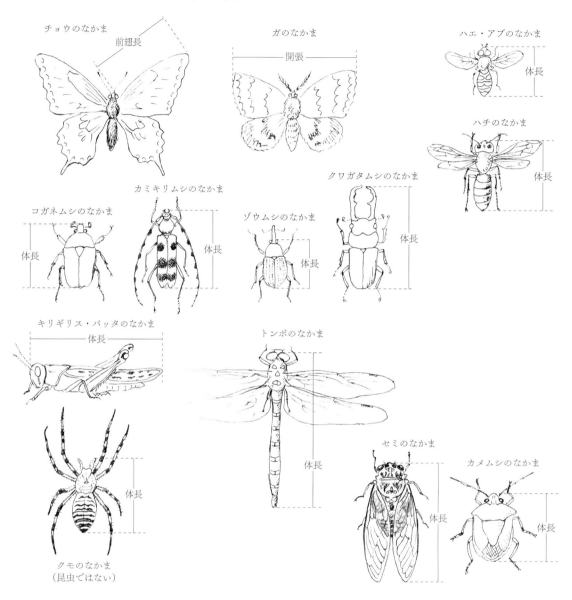

チョウのなかま
前翅長

ガのなかま
開張

ハエ・アブのなかま
体長

ハチのなかま
体長

クワガタムシのなかま
体長

カミキリムシのなかま
体長

コガネムシのなかま
体長

ゾウムシのなかま
体長

キリギリス・バッタのなかま
体長

トンボのなかま
体長

クモのなかま
（昆虫ではない）
体長

セミのなかま
体長

カメムシのなかま
体長

▶昆虫の形は様々なので、種類によって測りかたがちがうことがあります。また個体差もかなりあるので、数字は大方のめやすと考えた方が良いと思います。（昆虫のサイズは mm 単位）

▶上の図で唯一クモだけは昆虫ではありませんが、大きな意味で"虫"のなかまに入るので、この本では昆虫と同じ扱いになっています。

▶種名、学名について
虫、植物などの種名については、主な図鑑で使われる標準和名を表記しています。他によく使われる別名は標準和名の後に（ ）で表しています。

〈例〉 ムラサキツメクサ（アカツメクサ）
— ただし初出のみ —

昆虫（及びクモ）は種名の表記と共に、学名とおよそのサイズを記していますが、それ以外の動物と植物は、種名はありますが、学名は記していません。

▶本文で植物と虫を併記する場合は、大体初めに植物、後ろに虫の種名を配置しています。

〈例〉 アブラナのなかまにモンシロチョウ

序 章
Prologue

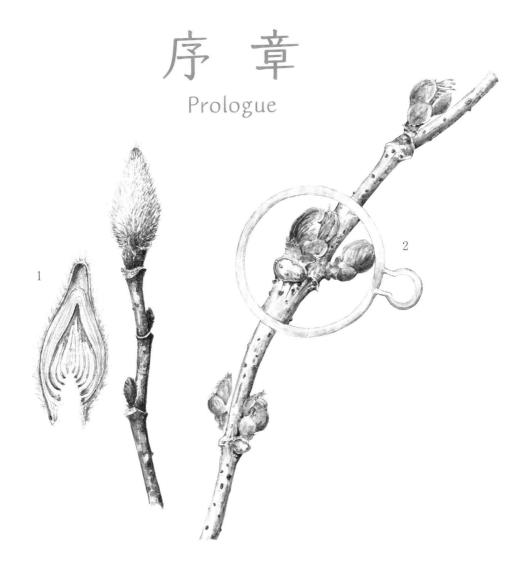

春よ来い

里山の春は、コブシの花芽と、ニワトコの芽と共にやってくる。
まだ花や虫の気配もないが、春への期待が少しずつふくらんでくる。

1. コブシの冬芽
2. ニワトコの芽

春浅き里山
Satoyama in early spring

里山に吹く風はまだ寒く、
早朝の草むらは霜で白く飾られている。
それでもふきのとうは芽を出し、
ハンノキは少しずつ花穂を伸ばす。

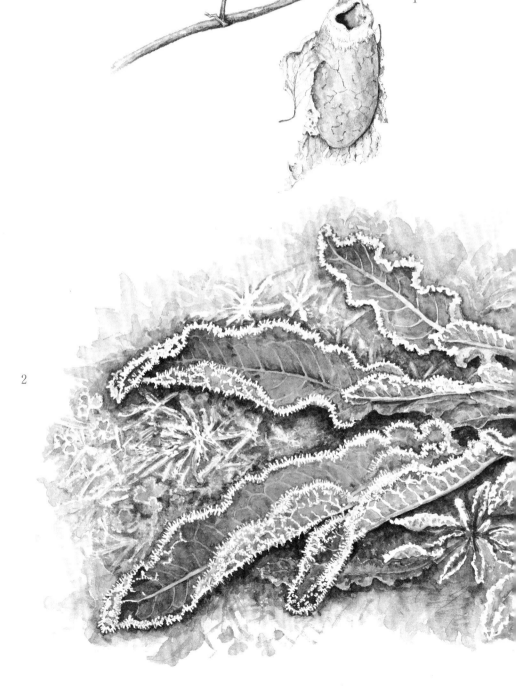

1

2

3

4

1. ヤママユのまゆ（*Antheraea yamamai*）
2. ギシギシのなかま
3. ハンノキ
4. ふきのとう

里山のロゼット
Rosette

里山の野は枯色だけではない。
寒さの中でも草たちは地面に葉っぱを広げて
赤い色で陽の光をめいっぱいうけとめている。

1

2

4

3

5

1. オニノゲシ
2. ノゲシ（ハルノノゲシ）
3. ノゲシ
4. キジムシロ
5. ダイコンソウ

ロウバイの道
Wintersweet path

散歩道のロウバイが上品に香る。
透明な寒気の中で、半透明の花びらが美しい。

ロウバイ

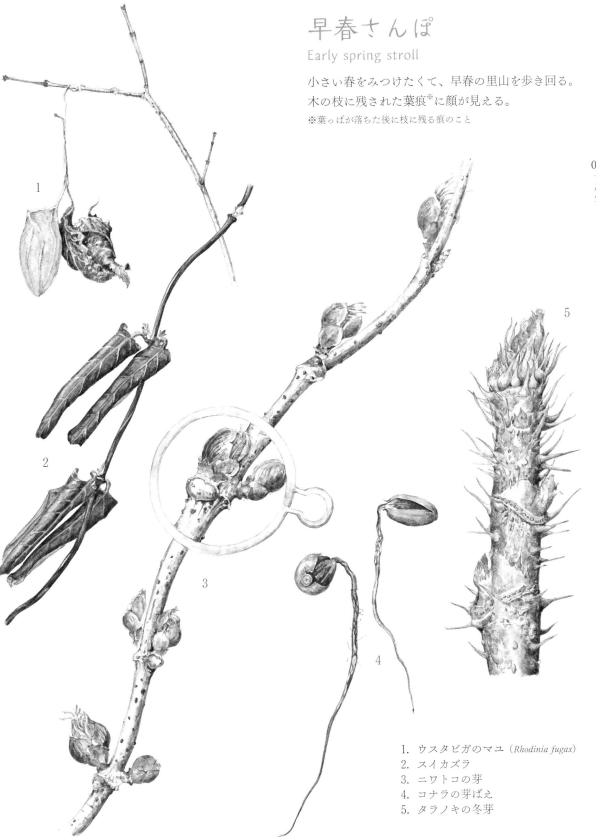

早春さんぽ
Early spring stroll

小さい春をみつけたくて、早春の里山を歩き回る。
木の枝に残された葉痕※に顔が見える。
※葉っぱが落ちた後に枝に残る痕のこと

1. ウスタビガのマユ（*Rhodinia fugax*）
2. スイカズラ
3. ニワトコの芽
4. コナラの芽ばえ
5. タラノキの冬芽

春の予感
Spring is around the corner

1. オオイヌノフグリ
2. ナズナ
3. ノボロギク
4. ホトケノザ
5. ヤハズエンドウ
   （カラスノエンドウ）
6. ノゲシ
7. キヅタにメジロ
8. タネツケバナ

春 の 章
Spring

佐保姫降臨
※
春が来た！　また花や虫と会える季節がやってきた。

ヒメオドリコソウにナナホシテントウ
(*Coccinella septempuncutata*/5〜8.6 mm)
※春の野山の造化を司る神

春の使者　ビロウドツリアブ
Spring has come

ヤマユリの花ガラに、ビロウドツリアブがひと休み。
成虫は年に１度、春早く姿を現すことから
「春の使者」とも言われる。

1

2

3

4

1. ショカツサイ
   （オオアラセイトウ、ハナダイコン）
   にビロウドツリアブ
   （*Bombylius major*／8〜12 mm）
2. ビロウドツリアブ
3. ビロウドツリアブ
4. タチツボスミレ

早春のひなたぼっこ 1

Basking in the sun

成虫で越冬し、目ざめたばかりのテングチョウ、
下唇ひげが長いのが、名前の由来。

1

2

1. ゼンマイ
2. フキの花にテングチョウ
   (*Libythea celtis* / 23 mm)

早春のひなたぼっこ 2
Basking in the sun

キタテハもルリタテハも成虫で越冬する。
春早々、陽ざしの暖かさに誘われて、
草地でひなたぼっこしている。

1. キタテハ（*Polygonia c-aureum*/27 mm）
2. オキナグサ
3. ルリタテハ（*Kaniska canace*/34 mm）

春の里山小町
Tiny angels

黄色い花にベニシジミ
菜の花に舞うモンシロチョウ、
誰もがどこかで見た景色。

3

1

2

1. ギシギシのなかまに
   ベニシジミの幼虫（幼虫で越冬）
2. タンポポのなかまにベニシジミ
   （*Lycaena phlaeas*/成虫 17 mm）
3. ケキツネノボタンにベニシジミ
4. アブラナのなかまにモンシロチョウ
   （*Pieris rapae*/20〜30 mm）

モンシロチョウの胴体が逆光で透けている。

4

春を告げる白いチョウ　ツマキチョウ
Little messengers of spring

春に翔んでいる白いチョウはモンシロチョウだけではない。
ツマキチョウは、春一回だけ出現し、その後サナギで夏、秋、冬を過ごす。
翅先の黄色が愛らしい。（雌には黄色がない）

1

4

2

3

1. オオイヌノフグリにツマキチョウ
   （*Anthocharis scolymus* ／ 25 mm）
2. ホトケノザ
3. ヒメオドリコソウ
4. ヤハズエンドウにツマキチョウ

春を告げる黒いチョウ　ミヤマセセリ
Little messengers of spring

雑木林を素早く翔ぶ姿は黒く見えるが、
近寄って見ると渋い色もようが美しい。

1

2

3

1.　ミヤマセセリ（*Erynnis montanus*／18 mm）
2.　ニオイタチツボスミレ
3.　キランソウ

春しか会えないハチ　ヒゲナガハナバチのなかま

Bees seen only in the spring

モフモフで丸いお尻、
そして触角がとびきり長いヒゲナガハナバチ。
春が来た、と感じる可愛いハチ。

1〜8 ヒゲナガハナバチのなかま
（14〜15 mm）※5、6、7は♀

1. ムラサキツメクサ
　　（アカツメクサ）
2. ムラサキツメクサ
3. シラー・カンパニュラータ
4. モミジイチゴ
5. ナガミヒナゲシ
6. ショカツサイ
7. クサフジ
8. ヤハズエンドウ

春の花と虫 心はずむ季節
Insects on flowers

春を待ちに待った虫たちが、春の花にやってくる。
ゲンゲの花の下には、ハナグモもいたりする…

1. ヤハズエンドウにヤマトシジミ（*Zizeeria maha* / 14 mm）
2. ショカツサイにニホンミツバチ（*Apis cerana* / 10〜11 mm）
3. モミジイチゴにセイヨウミツバチ（*Apis mellifera* / 11〜12 mm）
4. シロツメクサ
5. ゲンゲ（レンゲソウ）にハナグモ（*Ebrechtella tricuspidata* / ♂ 3〜5 mm、♀ 5〜7 mm）

ハルジオンに来る虫
Insects on erigeron philadelphicus

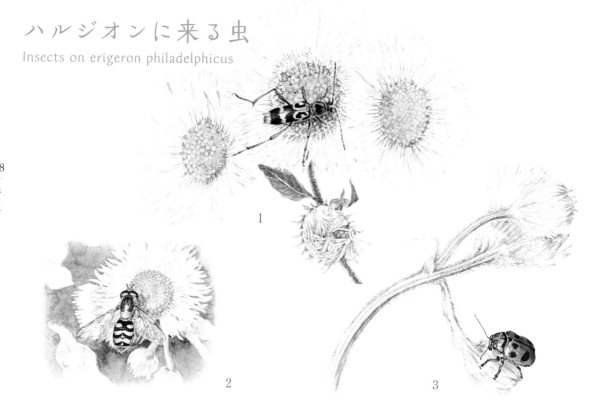

1

2

3

4

ハルジオンは北アメリカ原産の帰化植物。
今では各地に雑草化しており、虫たちの
よいごちそうになっている。

1. エグリトラカミキリ（*Chlorophorus japonicus*／9〜13.5 mm）
2. ヒラタアブのなかま
3. クロボシツツハムシ（*Cryptocephalus signaticeps*／4.5〜6.2 mm）
4. クモガタヒョウモン（*Argynnis anadyomene*／38 mm）

黄色い花は人気者 1
Insects on yellow flowers #1

春は黄色い花から目を離してはいけない。
そこにはお腹をすかせた様々な虫が
やって来るのだ。

1

2

3

4

1. アブラナのなかまにナガメ
   (*Eurydema rugosa*/7〜10 mm)
2. オオダイコンソウに
   ヒメウラナミジャノメ
   (*Ypthima argus*/18〜24 mm)
3. ミツバツチグリに
   ヒメヒラタアブのなかま
4. アブラナのなかまに
   ニホンミツバチ
   (*Apis cerana*/10〜11 mm)

黄色い花は人気者 2
Insects on yellow flowers #2

1

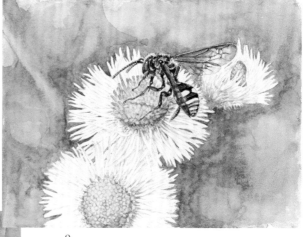

2

3

4

5

6

1. タンポポのなかまにヤブキリ
   (*Tettigonia orientalis*/幼虫 5 mm)
2. ハルジオンにダイミョウキマダラハナバチ
   (*Nomada japonica*/11〜13 mm)
3. セイヨウタンポポにシマアシブトハナアブ
   (*Mesembrius flavipes*/10〜11 mm)
4. タンポポのなかまにモモブトカミキリモドキ
   (*Oedemeronia lucidicollis*/5.5〜8 mm)
5. アブラナのなかまにモンキチョウ♀白色型
   (*Colias erate*/25〜32 mm)
6. タンポポのなかまにモンキチョウ

ナナホシテントウの物語
Tales of seven-spotted ladybugs

5

1

2

4

3

サナギを脱いだばかりのナナホシテントウは黄色い。
後翅もまだたたまれていない。
しばらくすると赤い地色に黒い星が浮き上ってきて、
後翅もうまく収納される。

1. ヤハズエンドウにナナホシテントウ (*Coccinella septempuncutata*/5～8.6 mm)
2. アブラナのなかまに幼虫
3. 幼虫からサナギへの脱皮
4. サナギ
5. 成虫への羽化

ナミテントウ　もよういろいろ

Variety of herlequin ladybugs

ナミテントウのオスは交尾のときに
ブルブルッと体を左右に揺する。
それが「テントウ虫のサンバ」のもとになったとか。
このページはすべてナミテントウ。同じ種でももようはいろいろ。

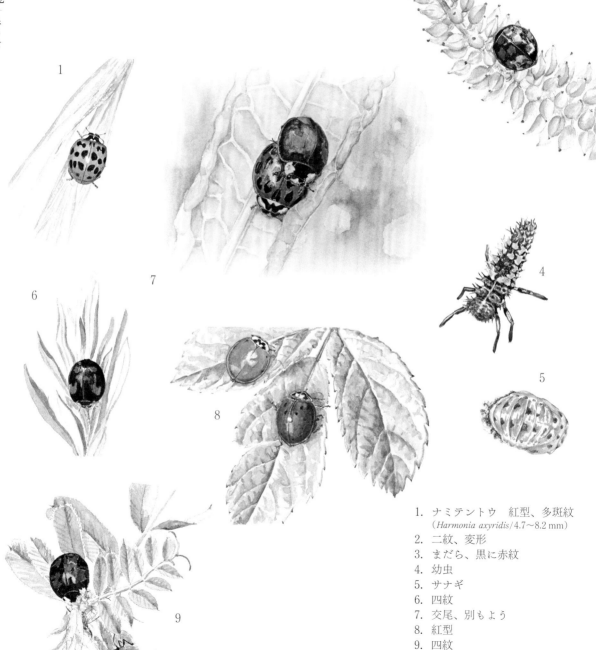

1. ナミテントウ　紅型、多斑紋
   (*Harmonia axyridis*/4.7〜8.2 mm)
2. 二紋、変形
3. まだら、黒に赤紋
4. 幼虫
5. サナギ
6. 四紋
7. 交尾、別もよう
8. 紅型
9. 四紋

テントウムシ科　いろいろ
Coccinellidae

いろんな色と星の数、多彩なテントウムシのなかま。

1. キイロテントウ
   (*Kiiro koebelei* / 3.5〜5.1 mm)
2. ウスキホシテントウ
   (*Oenopia hirayamai* / 3.3〜4 mm)
3. ヒメカメノコテントウ　亀甲型
   (*Propylea japonica* / 3〜4.6 mm)
4. ジュウサンホシテントウ
   (*Hippodamia tredecimpunctata* / 5.6〜6.2 mm)
5. ナツグミにカメノコテントウ
   (*Aiolocaria hexaspilota* / 8〜11.7 mm)
6. シロジュウシホシテントウ
   (*Calvia quatuordecimguttata* / 4.4〜6 mm)
7. ヒメカメノコテントウ　二紋型
8. ムーアシロホシテントウ
   (*Calvia muiri* / 4〜5.1 mm)

春のひとコマ
A spring day

冬の間、庭のキンカンの木に何かのサナギがあるのは気付いていた。
春のある日、そこからナミアゲハが羽化していた。
しばらく翅を開閉しながら、乾くのを待っている。
突然白いオシッコを2、3滴。そして大空へ翔び立った。

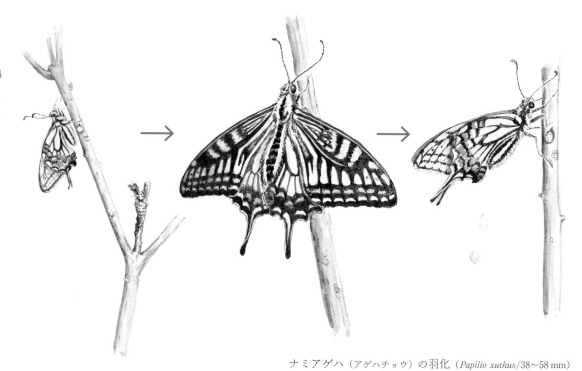

ナミアゲハ（アゲハチョウ）の羽化（*Papilio xuthus*/38〜58 mm）

Column

虫をみつける
Finding insects

　里山を歩きながら虫を探していても、全然出てこない時がある。逆に探していないのに思いがけない時と場所で出会う時もある。

　自然の中には虫をエサにしている動物がワンサカいるから隠れるワザもハンパではない。人間ごときに簡単にみつかるものではない。故に虫をみつけるウラワザのようなものはない。ただ里山の中でも、田んぼ、用水路、池などの水場があり、雑木林もあるような散歩道を選ぶこと、同じ道を四季を通じて地道に歩くこと、そしてその道の植物を把握しておくこと、は大事かもしれない。

　花に集まる虫は割合簡単にみつかる。次は葉っぱの上。うまく説明できないが、何となく異物感のある色や形はとりあえず近づいてみる。喜んで行ったのにトリのフンや枯れ葉、などというのは毎度のこと。それでも3回に1回は、ほぼ左右対称、脚と触角も確認し「決まり。虫発見！」となる。とにかく場数を踏むこと。そして成功も失敗も楽しむのが一番！

初夏の章
Early summer

風は緑、トンボよ翔べ！

このムカシヤンマの幼虫（ヤゴ）は、低山地の湿った崖地に穴を掘って生活し、
穴の前を通る小動物を捕食する。成虫は初夏に見られる。（植物はベニシダ）

ムカシヤンマ（*Tanypteryx pryeri*／63〜80 mm）

初夏の花とチョウ
Butterflies on flowers

1. クサフジにチョウたち

クサフジにモンシロチョウとツバメシジミが舞う。
ゴボゴボという水音が聞こえて、
里山の乾いた田んぼに水が広がってゆく。
今年もサシバがやって来た。

1. モンシロチョウ（*Pieris rapae* / 20〜30 mm）
2. ツバメシジミ（*Everes argiades* / 14 mm）

2. ノアザミにキアゲハ

緑の地球を支える植物と、その植物の受粉に手を貸し、
他の生物のエサにもなる虫たち。
地球の食物連鎖の底辺を支える花と虫、どちらも大事、
どちらも欠かせない存在なのだ。

キアゲハ（*Papilio machaon*／40〜55 mm）

3. ザクロにクロアゲハ

1

初夏の我家の庭。
花咲くザクロにクロアゲハがやってきた。
住宅街のたった1本のザクロの木も
見逃さない虫はすごいと思う。

4. ヒレアザミにナミアゲハ

晴れ渡る初夏の利根川河川敷。ピンクのヒレアザミに
ナミアゲハがやってきた。遠くでキジが呼んでいる。

2

1. クロアゲハ
   (*Papilio protenor* / 48〜68 mm)
2. ナミアゲハ
   (*Papilio xuthus* / 38〜58 mm)

県民の森の初夏　ヤマツツジにカラスアゲハ
Butterfly on flowers in the forest

カラスアゲハ（*Papilio dehaanii*／50〜68 mm）（那珂市　県民の森にて）

ハチの母さんはいそがしい
Wasps building houses

初夏のある日、庭にトックリを逆さにしたような、こんな巣を発見。調べてみると、これはコガタスズメバチの創設巣のようだ。巣作りの初期に女王蜂が一匹で作る巣らしい。働きバチが羽化し始めるとボール状に発達する。

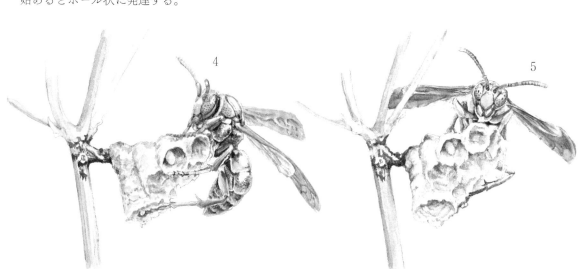

コアシナガバチが家を作り始めた。
たった一匹で部屋をいくつも作り、卵を一つずつ産みつける。カメラを向けると、母バチはイカクするように私をにらみつけた。

1. コガタスズメバチの創設巣（*Vespa analis*）
2. ニガイチゴ
3. クサイチゴ　花と実
4. コアシナガバチ（*Polistes snelleni*/11〜17 mm）
5. 写真を撮る私をイカクする母バチ

初夏の花とハチ オドリコソウにニセハイイロマルハナバチ
Bee and flowers

5月の札幌北大植物園で、関東では見ないハチをみつけた。分布は北海道から東北あたり。モフモフの可愛い姿で、一人旅の私を楽しませてくれた。

1. ニセハイイロマルハナバチ
   (*Bombus pseudobaicalensis*/11〜18 mm)
2. ナワシロイチゴ

6月の里山
Satoyama in June

1

2 3

雨が続くと緑が潤う。
小さいアマガエルたちも喜んでいる。

4

5

6

7

1. カモジグサにアマガエル
2. ウツボグサ
3. ツユクサ　白と青
4. ヤマモモ
5. ミドリヒメワラビにアマガエル
6. ドクダミ
7. ヤマウコギ

クワの実る頃
Mulberry season

利根川河川敷にはクワの群落がある。
鳥も虫も人間もクワの実大好き！
クワの幹をゆするとクワの実と虫たちが
ポロポロ落ちてくる。

1

1. ヤマグワ
2. キボシカミキリ
   (*Psacothea hilaris*／15〜30 mm)

2

クリの花の香る頃 Scent of chestnut flowers

クリの花が満開になると虫の羽音がかしましい。
甲虫ではカミキリムシ、ハムシ、コメツキ、ハナムグリ。
各種のハチやアブの他にチョウやガも参戦してきて、大にぎわい！

1

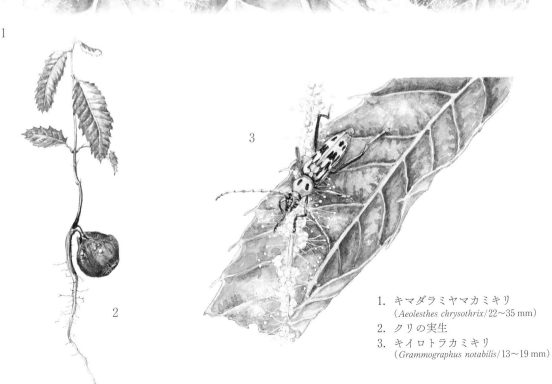

2

3

1. キマダラミヤマカミキリ
   (*Aeolesthes chrysothrix*/22〜35 mm)
2. クリの実生
3. キイロトラカミキリ
   (*Grammographus notabilis*/13〜19 mm)

トンボ天国
Dragonfly paradise

水辺にトンボはよく似合う。
トンボの存在のかろやかさ、自由さが好きだ。

初夏の章

1

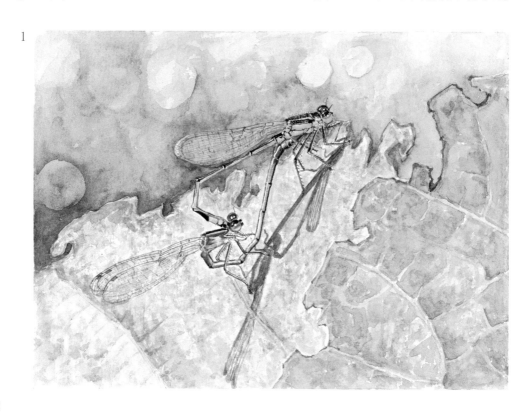

2

3

4

トンボを描くのは難しい。難しいけれど楽しい。
その細かい翅の脈も、翔ぶための必然だから
できる限り忠実に描く。
最後の仕上げに、トンボの眼の色を
慎重に塗る。
その緊張感がたまらない。

1. アオモンイトトンボ（*Ischnura senegalensis*／30〜35 mm）
2. シオカラトンボ（*Orthetrum albistylum*／47〜61 mm）
3. ホンサナエ（*Shaogomphus postocularis*／48〜52 mm）
4. ノイバラ

美しいトンボたち
Beautiful dragonflies

このページの2枚は、いずれもコフキトンボ。名前の由来は
成熟すると全身に白い粉をふくことから。（上は♂、下は♀）
メスの一部は異色型と呼ばれ、粉をふかず翅に赤い帯がある。

1

2

3

ひらひらとチョウのように舞うことからチョウトンボ。翅は遠目には黒く見えるが、
初夏の光の中で藍色、水色、青緑、紫などさまざまな色に輝く。

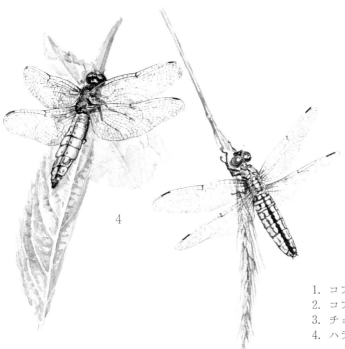

4

このハラビロトンボ
右のメスは腹がふくよかで、
色も鮮やかな小ぶりの愛らしいトンボ。
一方左のオスは濃い青色。
メスが産卵をしている間、
その上をホバリングしてナワバリを守る
姿が勇ましい。

1. コフキトンボ♂（*Deielia phaon*／37〜48mm）
2. コフキトンボ♀異色型
3. チョウトンボ（*Rhyothemis fuliginosa*／31〜42mm）
4. ハラビロトンボ（*Lyriothemis pachygastra*／32〜42mm）

水辺に生きる　朝露のアブ
Near the water

人里のすぐ近くにあるカモジグサと普通種のアブ。
それが、朝露のおかげで、またとない景色になった。

ヒラタアブのなかま

視野の端を青いきらめきがよぎる。
イトトンボだ！

アオイトトンボ（2つ色ちがい）
（*Lestes sponsa*/34〜48 mm）

地上を歩く虫
Little crawlers

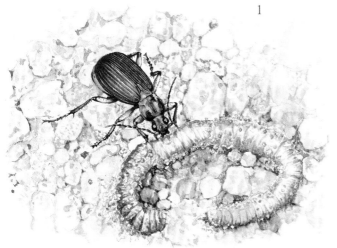

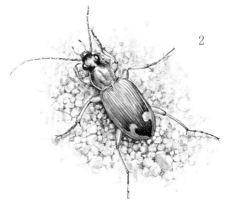

1. ミミズに執着するスジアオゴミムシ
   (*Chlaenius costiger*/22〜24 mm)
2. オオアトボシアオゴミムシ
   (*Chlaenius micans*/15〜17.5 mm)
3. アオゴミムシのなかま (*Chlaenius sp.*)

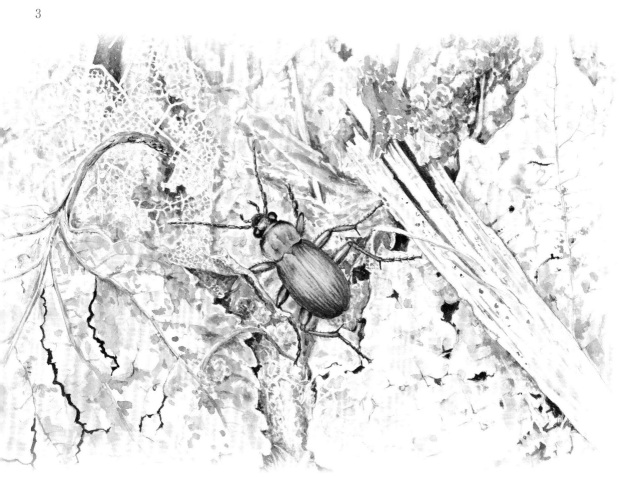

シジミチョウの多様性
Diversity of the coppers

翅を広げても 3〜4 cm の小さなシジミチョウたち。
でもそのデザインは細部に致るまで実によくできている。
翅の美しさはもとより、触角も脚のもようもとってもおしゃれ。

1

2

3

4

5

6

7   8

9   10

11   12

1．ウラナミアカシジミ（*Japonica saepestriata*/20 mm）
2．アカシジミ（*Japonica lutea*/21 mm）
3．トラフシジミ表（*Rapala arata*/19 mm）
4．トラフシジミ裏
5．ゴイシシジミ（*Taraka hamada*/14 mm）
6．イボタノキにウラゴマダラシジミ
　（*Artopoetes pryeri*/21 mm）

7．ルリシジミ（*Celastrina argiolus*/17 mm）
8．ミズイロオナガシジミ（*Antigius attilia*/17 mm）
9．ミドリシジミ表（*Neozephyrus japonicus*/20 mm）
10．クリにミドリシジミ裏
11．ムラサキシジミ表（*Arhopala japonica*/17 mm）
12．ムラサキシジミ裏

ウラギンシジミの変態
Metamorphosis

このカラフルなミトンのような幼虫が緑色のグミのようなサナギになり、
そして翅裏が真白な成虫になる。すばらしい変わり身の術！

1

2

3

4

1. ヤブカラシにウラギンシジミ幼虫
2. クズにウラギンシジミのサナギ
3. シラカシにウラギンシジミ成虫（*Curetis acuta*／21 mm）
4. ヘビイチゴ　花と果実

初夏の決闘　ネコハエトリ
Fight

くいの上、直径 10 cm の土俵で、なわばり争い。

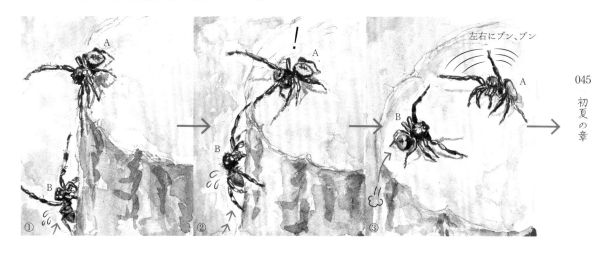

左右にブン、ブン

① ② ③

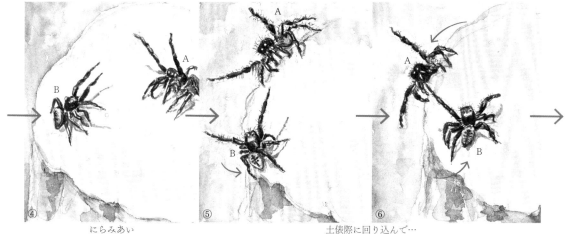

④　にらみあい　⑤　⑥　土俵際に回り込んで…

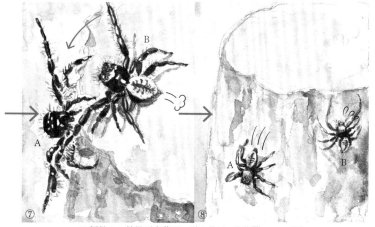

⑦　⑧

B 優勢！→結局両方落下、引き分け。1 分間のファイト

ハエトリグモとは？

クモといっても網ははらず、ぴょんぴょん跳んで逃げたり、獲物をつかまえたりする徘徊性のクモ。カメラのレンズごしに目が合うとつぶらな瞳がけっこう可愛い。このネコハエトリ、オスは気性が荒く、激しく戦う。

ネコハエトリ
（*Carrhotus xanthogramma*／7〜13 mm）

写真を撮る
Taking photographs of insects

1

　私は昆虫の分類学者ではないから虫は採らない。写真を撮って持ち帰るだけ。

　虫に出会ったら、「ちょっとじっとしててね」と心で念じ、そっとレンズを近付ける。撮り終ったら「ありがとう、バイバイ」と別れを惜しむ。絵を描いて楽しむのが目的だからそれで十分なのだ。「(こんな写真が撮れるのは)殺気がないからかもしれませんね」と言われたことがある。そうかもしれない。

　カメラは一眼レフのデジタルカメラ、ニコンのD5600、レンズは接写用のマイクロニッコール60mm、合わせて934g、私の相棒である。常にオートフォーカスの接写モードで撮っている。虫はいきなり登場するので、あまり芸がないがそれで撮ることにしている。

　虫は翅があるから、近づいてピントを合わせた瞬間、逃げられることもしばしば。「残念!」も虫撮りの醍醐味。ただし次のような条件下では虫も集中しているので撮りやすい。

　すなわち　1：食事中
　　　　　　2：交尾中
　　　　　　3：ひなたぼっこ

2

　いずれも虫の生存に関わる大事な営みで、決しておろそかにできないわけだ。撮った写真を見て絵を描くにも、「花と虫」というフォトジェニックな場面や、翅の模様がよく見えるひなたぼっこの場面は大歓迎!　そして交尾の瞬間も、いのちをつなぐという虫の切実な想いが伝わってくるのが感動的だ。

　虫探しのウォーキングの後、カフェオレを飲みながら復習する。カメラからSDカードを取り出しパソコンにデータをコピーして画像を確認。(SDカードに直接編集の手を入れると後で画像を開けなくなるので要注意)

　撮った写真の情報はパソコン上で整理できれば良いが、私はアナログな人間なのでノートにコツコツ記録している。日付、場所、DSC-No.、植物、虫の科と種を一点ずつ書き込む。その時点で種がわからないものは?マーク、明らかに初めて出会う種は"New"の赤字(うれしい!)後に、記録を一点ずつ取っていたことが大層役に立つことになる。

　もうひとつ、時間がある時にする事がある。写真リストの中で「うまく撮れた、絵にしたい!」と思うものに♡マークをつけておく。そしてその写真のDSCNo.を図鑑に書き込むことにした。これがとても具合が良い。例えばモンシロチョウの絵が描きたい時は、図鑑のモンシロチョウのページを開き、写真のデータNo.の中で適当なものを選ぶことができるという訳である。私のささやかな工夫である。

1. ムラサキツメクサにカタグロチビドロバチ (*Stanodynerus chinensis*/7〜10mm)
2. モンシロチョウ　交尾 (*Pieris rapae*/20〜30mm)

夏の章
Summer

虫と出会う季節

昔の子供たちは、夏というと昆虫採集に明け暮れた。
網を振る兄のうしろに必死についていった小さな私…
それが虫との最初の出会い。

ノカンゾウにキアゲハ（*Papilio machaon*／40〜55 mm）

夏の花とチョウ ノリウツギにメスグロヒョウモン
Butterfly on flower

メスグロヒョウモン♀（*Damora sagana*/40 mm）

夏の花とトンボ オオバギボウシにナツアカネ
Dragonfly on flower

ナツアカネ（*Sympetrum darwinianum*/33〜43 mm）

夏の花とカメムシたち
Stink bugs on flowers

カメムシの食性は、肉食、草食あるいは雑食など、
バラエティーに富んでいる。
このページの3点はいずれも草食のカメムシ達。

1

2

3

1. オオハナウドの若い果実にベニモンツノカメムシ
   (*Elasmostethus humeralis*/10〜12 mm)
2. ガガイモにヒメジュウジナガカメムシ
   (*Tropidothorax sinensis*/8 mm)
3. ムクゲにブチヒゲカメムシ（*Dolycoris baccarum*/10〜14 mm）

1

2

黒いアゲハの中で、
唯一ナガサキアゲハだけは
尾状の突起がない。
それを覚えておくと他のアゲハとは
容易に見分けることができる。

1. オニユリにクロアゲハ（*Papilio protenor*/48〜68 mm）
2. ヒマワリにナガサキアゲハ♀（*Papilio memnon*/62〜76 mm）

キアゲハのショー

Papilio machaon

湿地を通る木道のわきで翅を広げていたキアゲハ。
近くに幼虫の食草のセリが生えていたので、
羽化したばかりかもしれない。
傷ひとつない美しい翅を、惜しみなく披露してくれた。
（花はシロバナサクラタデ）

キアゲハ（*Papilio machaon*／40〜55 mm）

樹液酒場
Sucking on tree sap

散歩道の一角のマルバヤナギの木の樹液酒場、
他にもマルバヤナギは何本もあるのに、
1本だけやたら繁盛していた。
夜に集まるメンバーの顔も見てみたいものだ。

1

2

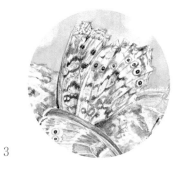

3

4

5

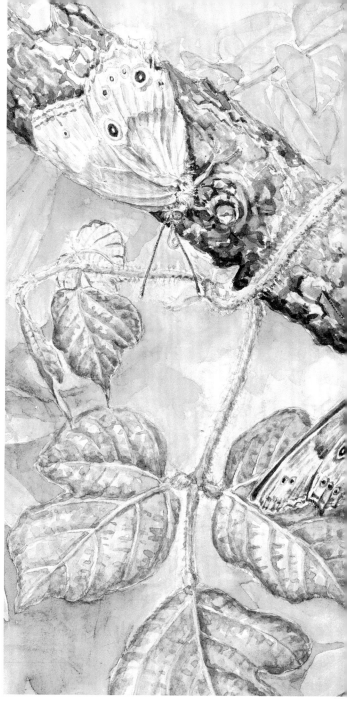

1. ノコギリクワガタ
   (*Prosopocoilus inclinatus*/♂ 24〜77 mm、♀ 20〜41 mm)
2. ナミヒカゲ（ヒカゲチョウ）（*Lethe sicelis*/30 mm）
3. サトキマダラヒカゲ（*Neope goschkevitschii*/26〜39 mm）
4. コムラサキ（*Apatura metis*/35 mm）
5. サビキコリ（*Agrypnus binodulus*/12〜16 mm）

樹液に来るチョウ
Butterflies on tree sap

ルリタテハもヒオドシチョウも翅の表側は目立つ色だが、裏側は（下右の絵）樹皮と見まごうような地味な色もようである。翅の開閉によって敵の目を驚かす効果があると思われる。

1

2

3

1. クヌギの樹液にルリタテハ
 （*Kaniska canace*／34 mm）（左下にカナブン）
 （*Pseudotorynorrhina japonica*／23〜31 mm）
2. ヒオドシチョウ（*Nymphalis xanthomelas*／36 mm）
3. ルリタテハ羽化

マルバヤナギの木で交尾しているカブトムシを発見。
樹液酒場は出会いの場でもある。カブトムシのオスは翅に毛がなくツルツルだが、メスは毛深い。
メスは産卵で土中に潜ることが多いので、毛がはえている方が土や水が身体につきにくく、都合が良い。

カブトムシ（*Trypoxylus dichotomus*/♂ 30〜55 mm（角は除く）♀ 30〜52 mm）
ヨツボシオオキスイ（*Helota gemmata*/11〜15 mm）

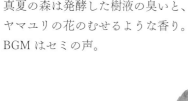

県民の森の夏　ヤマユリ
Lilies in the forest

真夏の森は発酵した樹液の臭いと、
ヤマユリの花のむせるような香り。
BGM はセミの声。

葉っぱの上のチョウ
Butterflies resting on leaves

ジャコウアゲハは、オスとメスで色ツヤが異なる、
オスは青光りする黒色、メスは明るい褐色。
幼虫の食草はウマノスズクサで、
食草のはえる土手などでよく見られる。

上：カナムグラにジャコウアゲハ♀
　　（*Atrophaneura alcinous* / 45〜63 mm）
下：ヤブマメにジャコウアゲハ♂

ツツジのなかまにオナガアゲハ
(*Papilio macilentus*/46〜68 mm)

コセンダングサにアサマイチモンジ (*Limenitis glorifica*/30 mm)

葉ウラのガ　はずかしがりやのノメイガたち

Moths resting on the back of leaves

草むらを歩いていると、パッと翔び立ったガが、葉ウラにスルリと隠れてしまうことがある。
追いかけて、逆さまになっても撮る甲斐があるくらい、ノメイガは美しい。

1

2

3

4

5

6

7

8

063

夏の章

9

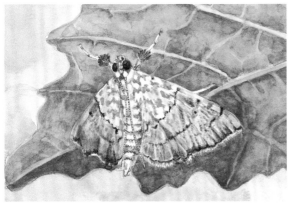

10

11

12

1. ワタヘリクロノメイガ
   (*Diaphania indica*/25 mm)
2. ワタヌキノメイガ
   (*Haritalodes basipunctalis*/27〜36 mm)
3. クリにヒメシロノメイガ
   (*Palpita inusitata*/18〜23 mm)
4. ヨスジノメイガ
   (*Pagyda quadrilineata*/19〜26 mm)
5. モンキクロノメイガ
   (*Herpetogramma luctuosale*/22〜26 mm)
6. マメノメイガ（*Maruca vitrata*/25〜27 mm)
7. ミドリヒメワラビにクロスジノメイガ
   (*Tyspanodes striatus*/26〜32 mm)
8. オオキノメイガ
   (*Botyodes principalis*/42〜45 mm)
9. ウスムラサキノメイガ
   (*Agrotera nemoralis*/16〜22 mm)
10. マダラミズメイガ
    (*Elophila interruptalis*/21〜28 mm)
11. ヨツボシノメイガ
    (*Talanga quadrimaculalis*/33〜37 mm)
12. モモノゴマダラノメイガ
    (*Conogethes punctiferalis*/21〜27 mm)

葉食の甲虫たち
Leaf-eating beetles

1. コガネムシ・カミキリムシのなかま
Scarab beetles and longhorn beetles

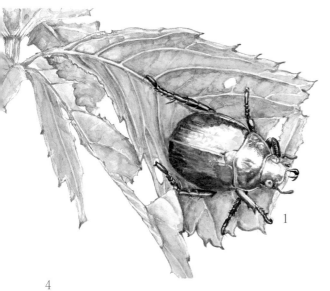

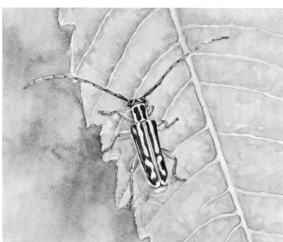

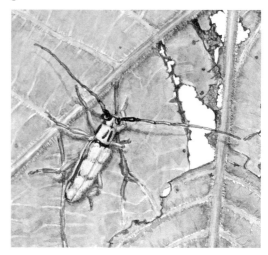

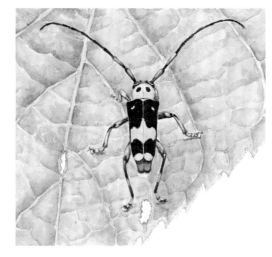

1. ヤブカラシにコガネムシ
   (*Mimela splendence*/16.5〜24 mm) 広葉樹食
2. ノブドウにマメコガネ (*Popillia japonica*/9〜13 mm)
   マメ科、ブドウ科、アザミなど多食
3. オニグルミにオニグルミノキモンカミキリ
   (*Menesia flavotecta*/6〜10 mm) オニグルミ食
4. ヌルデにヨツキボシカミキリ (*Epiglenea comes*/8〜11 mm)
   ヌルデなどウルシ科食
5. オオバボダイジュにラミーカミキリ
   (*Paraglenea fortunei*/10〜15 mm)
   ラミー、カラムシ、ムクゲなど食

2. ゾウムシ・オトシブミのなかま
Weevils

オトシブミのメスは葉を巻いてその中に産卵する。

1

3

2

4

5

6

こうして見ると、広食性の虫や決まった植物しか食べない虫など、
それぞれに食のこだわりがある。
多様な自然環境の中で、居所を上手にみつけて生きぬいているのだ。

1. エゴツルクビオトシブミ （*Cycnotrachelus roelofsi*/8〜9.5 mm）
   エゴノキの葉を巻く。
2. ヒメクロオトシブミ （*Apoderus erythrogaster*/4.5〜5.5 mm）
   コナラ、ノイバラ、キイチゴ、ツツジなど多種類の葉を巻く。
3. コナラシギゾウムシ （*Curculio dentipes*/5.5〜10 mm）
   コナラ、クヌギなどの実に産卵する。
4. カシルリオトシブミ （*Euops splendidus*/3.2〜4.5 mm）
   イタドリ、マメ科、ブナ科など多種類の葉を巻く。
5. リンゴヒゲナガゾウムシ （*Phyllobius longicornis*/6 mm 前後）
6. キツネアザミにアザミホソクチゾウムシ
   （*Piezotrachelus japonicus*/2.6〜3 mm）
   キツネアザミの花には決まって見られるゾウムシ。

1

2

4

5

1. ノブドウにアカガネサルハムシ
 (*Acrothinium gaschkevitchii*/5.5〜7.5 mm)
 ブドウ科食
2. ジンガサハムシ
 (*Aspidimorpha indica*/7.2〜8.2 mm) ヒルガオ科食
3. ノブドウ
4. ノブドウの葉 (穴だらけ)
5. マルバハッカにハッカハムシ
 (*Crysolina exanthematica*/7.5〜10.8 mm)
 ハッカ、ヤマハッカ、シソなど食

6

7

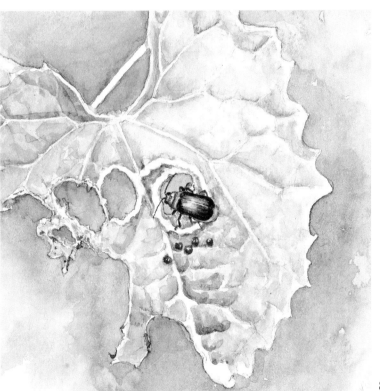

8

カラスウリの葉に残されたクロウリハムシの丸い食痕はトレンチと呼ばれる。
最初に丸くかじることで、植物の溶液の流れを止め、
有毒成分を止めたり、葉をしおれさせて柔軟にするなどの作用があるという。

6. アカガネサルハムシの交尾
7. キヌツヤミズクサハムシ（*Plateumaris sericea*／6.5〜11 mm）
　スゲ、ハリイなど食
8. カラスウリにクロウリハムシ（*Aulacophora nigripennis*／5.8〜6.7 mm）
　ウリ科食
9. カラスウリの果実

9

いのちをつなぐ夏の虫たち
Mating summer insects

野生で見るゾウムシは、ペアになっている場合が多い。
「来年も会おうぜ！」と声をかける。

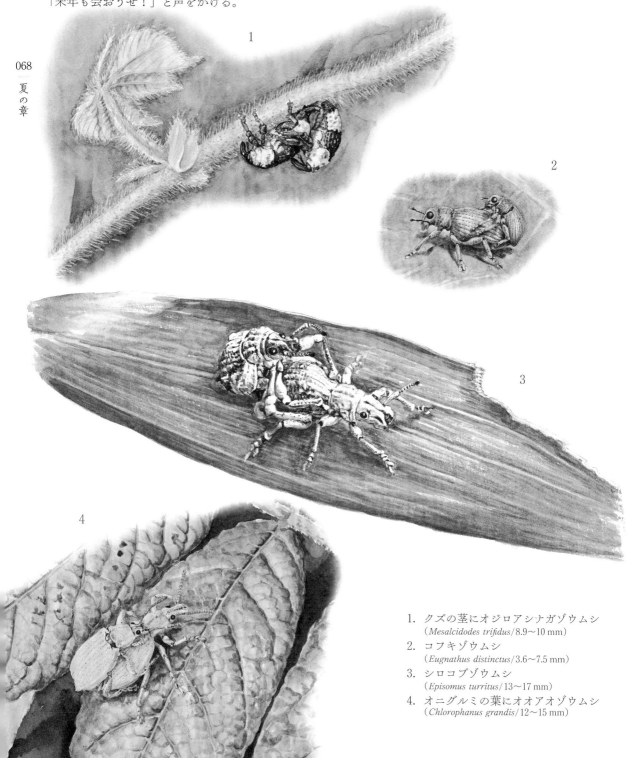

1

2

3

4

1. クズの茎にオジロアシナガゾウムシ
   (*Mesalcidodes trifidus*/8.9〜10 mm)
2. コフキゾウムシ
   (*Eugnathus distinctus*/3.6〜7.5 mm)
3. シロコブゾウムシ
   (*Episomus turritus*/13〜17 mm)
4. オニグルミの葉にオオアオゾウムシ
   (*Chlorophanus grandis*/12〜15 mm)

草むらで景色の一部になるモンキチョウ。上がオス、白っぽい方がメス。　モンキチョウ（*Colias erate*／25〜30 mm）

マサキの生け垣で、ユウマダラエダシャク集団婚活。　ユウマダラエダシャク（*Abraxas miranda*／30〜50 mm）

竹林で交尾するナガサキアゲハ（*Papilio memnon*／62〜76 mm）

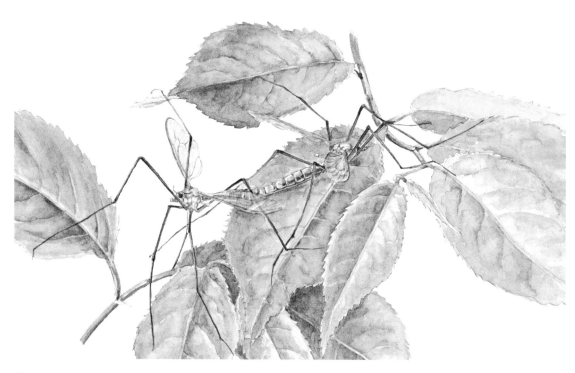

持て余してしまいそうな長ーい脚。ガガンボのなかま（14〜18 mm）

夏休みの自由研究
Homework for summer vacation

1. キアゲハの変態
Metamorphosis

畑のニンジンの葉に黒い幼虫発見。持ち帰り観察してみた。
蛹になってからほぼ2週間で成虫が羽化して出てきた。
それからなお1週間、どうしても羽化しないサナギから出てきたのは、
なんとハチ1匹！

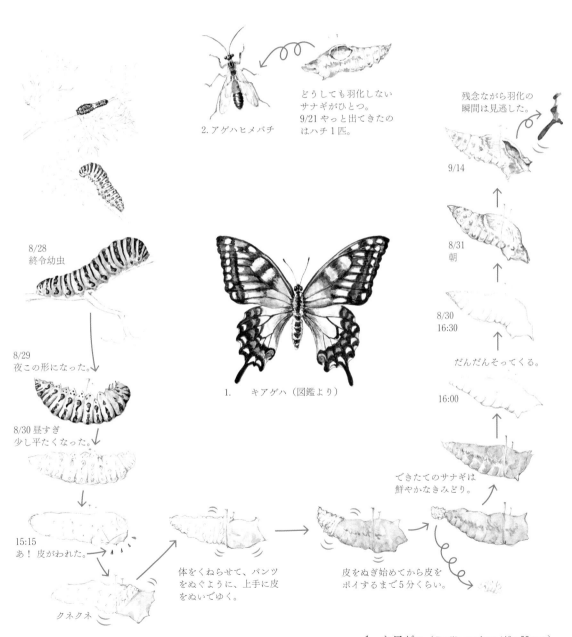

2. アゲハヒメバチ

どうしても羽化しない
サナギがひとつ。
9/21 やっと出てきたの
はハチ1匹。

残念ながら羽化の
瞬間は見逃した。

9/14

8/31
朝

8/30
16:30

だんだんそってくる。

16:00

できたてのサナギは
鮮やかなきみどり。

8/28
終令幼虫

1.　キアゲハ（図鑑より）

8/29
夜この形になった。

8/30 昼すぎ
少し平たくなった。

15:15
あ！皮がわれた。

体をくねらせて、パンツ
をぬぐように、上手に皮
をぬいでゆく。

皮をぬぎ始めてから皮を
ポイするまで5分くらい。

クネクネ

1.　キアゲハ（*Papilio machaon*/40〜55 mm）
2.　アゲハヒメバチ（*Trogus mactator*/16 mm）

自由研究 2
クロアゲハとナガサキアゲハの変態
Metamorphosis

庭の柑橘類に産卵した二種類の黒いアゲハチョウ。

関東では普通種のクロアゲハ。そして後翅に尾状突起がないナガサキアゲハ。

後者は元来西日本に分布するが、温暖化の影響か最近関東でも繁殖している。

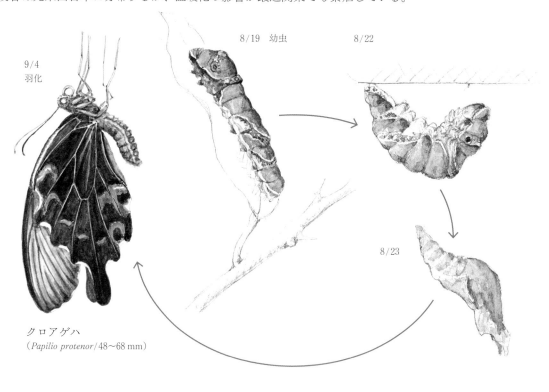

8/19 幼虫

8/22

9/4
羽化

8/23

クロアゲハ
（*Papilio protenor*/48〜68 mm）

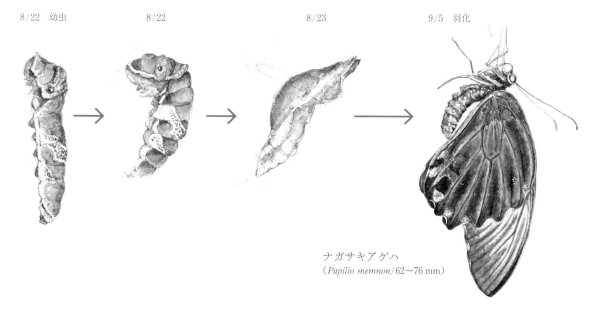

8/22 幼虫　　　　8/22　　　　8/23　　　　9/5 羽化

ナガサキアゲハ
（*Papilio memnon*/62〜76 mm）

自由研究 3
夏休みのお絵かき
Drawing and painting

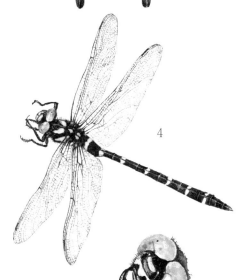

1 表

1 裏

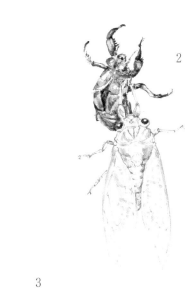

2

3

4

5

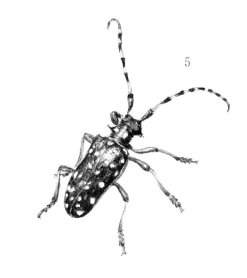

ガラス戸の前に息絶えたオニヤンマが一頭、
きれいな目にひびが入っていた。

1. カラスアゲハ（*Papilio dehaanii*／50〜68 mm）
   岡山の母の実家の前に落ちていた。
2. アブラゼミの羽化
3. アブラゼミの成虫
   （*Graptopsaltria nigrofuscata*／55〜60 mm）
4. オニヤンマ（*Anotogaster sieboldii*／82〜114 mm）
5. ゴマダラカミキリ（*Anoplophora malasiaca*／25〜35 mm）

ジューフン食堂
Feasting on animal excrement

ある夏の日、利根川の河川敷の一角に獣フンのたまり場を発見！
タヌキのトイレらしい。そこを訪れるチョウたちに惚れて何度も通った。

1. コムラサキ （*Apatura metis*/35 mm）
2. ゴマダラチョウ
   （*Hestina persimilis japonica*/35〜50 mm）
3. キタテハ
   （*Polygonia c-aureum*/22〜34 mm）
4. テングチョウ
   （*Libythea celtis*/19〜29 mm）
5. ナミアゲハ
   （*Papilio xuthus*/35〜60 mm）
6. キンバエの一種 （*Lucilia sp.*）
7. オニドコロ
8. ヒルガオ
9. ヘクソカズラ
10. ガガイモ

バラハキリバチのお仕事
Leafcutting bees

フジの葉にハキリバチがとりついている。見ていると鋭いアゴで葉っぱを丸く裁断している。
1分ちょっとで半円形に切りとり、丸めて抱えて翔び立って行った。
地面の巣穴に持ち帰って、幼虫のための柔らかい寝床を作るのだ。

2018 7/5
8:38

8:39

Bzzz
8:39

8:40

Bzzz

8:39

8:39

8:39

8:39

バラハキリバチ（*Megachile nipponica*/9〜13mm）

コアシナガバチ　肉団子の巻
Caterpillar meatball

草むらでガの幼虫を料理しているハチを発見。
肉団子に丸めて翔び立ったとたん、団子を落としてしまった。
大あわてで地表を探しまわり、見事に発見し、再度翔び立って行った。
それにしても真夏の密生した草むらで、小さな団子ひとつをよくぞみつけたものだ。

2018 7/11 8:25

8:25

8:26

8:27

8:27

コアシナガバチ（*Polistes snelleni*／11〜17 mm）

生の営み、ギンヤンマ

Mating large dragonflies

8月末になると、近くの湿地にギンヤンマの集まる場所がある。
通いつめて4日目、交尾の現場に立ち会うことができた。
真剣ないのちの営みに、見ている私も胸が熱くなってくる。

ギンヤンマ（*Anax parthenope*／65〜84 mm）

植物画と虫の絵
From botanical art to insect art

1

　私の絵の出発点は植物画である。植物画は植物の特徴を植物学的に正確に、かつアートとして美しく描くというもので、最初は葉っぱ1枚から出発して、身の回りの野の花をひたすら描いていた。植物画を描くために、里山を歩いて植物を観察したり、その特性や生存戦略を学んだりするのが興味深く、また植物画や植物学、植物園に関わる方々ともお知り合いになれて、いろいろと大変お世話になってきた。

　私が描くのは自然の中で生きている植物。花屋さんの花や人間が手を加えた植物にはあまり魅力を感じない。私は前世は虫だったのではないかと思う時がある。オシベやメシベがない八

重の花よりも、中央に虫を引き寄せる工夫をこらした原種の花に引き込まれそうになる。花の絵を描く時は、虫がうっかりやってきそうな花を描きたいといつも思っている。

　植物画は、大きく標本画と生態画という二つのジャンルに分類される。前者は図鑑に代表される植物の特徴をわかりやすく描いた絵、後者はその植物の育つ環境を背景に描き込んだ絵である。私は野に咲く花が好きなだけでなく、花が咲いている風景の中にいる時間が大好きだ。生態画は、絵を描いている間も大きな自然の中にいるような気持ちにさせてくれる。

　豊かな自然の中には当然いろいろな虫が住んでいる。もともと私は小さい時から虫が大好きだった。そして手の届く里山に多様な虫がいることに気付いた時から、「私は虫を描きたいのだ」という思いが抑えられなくなった。こうして、植物を主役にした細密な生態画から、虫を主役にした生態画へと絵のテーマが移って約8年が経つ。

　植物画を描いてきたことは、虫を描く上でとても役に立っている。虫のまわりの植物がわかること、植物を描けることは私の財産である。そして虫も自然環境に適応して生きているわけで、どこか植物に似た色や質感を持っている。植物が描ければ虫も描けると信じて今も描き続けている。

2

1. ヒルガオにシロマダラノメイガ
（*Glyphodes onychinalis*／20〜23㎜）
2. ミソハギとヒルガオ

秋の章
Fall

見上げれば秋
柿の実にキタテハがやってきた。遠くでモズが鳴いている。

キタテハ（*Polygonia c-aureum*／27 mm）

秋の花とチョウ
Butterflies on flowers

1. ノハラアザミにカラスアゲハ

カラスアゲハ（*Papilio dehaanii*/50〜68 mm）

2. コスモスに
   ツマグロヒョウモン

ツマグロヒョウモン♀
(*Argyreus hyperbius*/40 mm)

3. オニノゲシにヤマトシジミ

ヤマトシジミ（*Zizeeria maha*／14 mm）

4. ミゾソバにウラナミシジミ

夏から秋にかけて、温暖な地域から
関東地方にも北上してくる。
ただ越冬はできずにすべて死滅する。

ウラナミシジミ（*Lampides boeticus*／18 mm）

ヒメアカタテハ（*Vanessa cardui*/32 mm）

6. セイタカアワダチソウに
マエアカスカシノメイガ

花に止まっているガの様子が
どうもおかしい。よくよく見ると
がっちりハナグモにとらわれている。

マエアカスカシノメイガ
(*Palpita nigropunctalis*/29〜31 mm)
ハナグモ
(*Ebrechtella tricuspidata*/♂ 3〜5 mm、♀ 5〜7 mm)

メスグロヒョウモンという名前の通り、
メスは表面が黒っぽいが、オスはヒョウモンチョウらしい金茶色。
同じ種でオスとメスの斑紋が全く異なる珍しい例である。
ちなみにこの日に見たオスは同じくワラビの葉に止まっていたが、
その葉の色は翅の色に似た金茶色だった。
秋の陽光の中で、メスのメスグロヒョウモンは決して "クロ" ではなく、
青や紫に輝いていた。(植物はワラビ、ノハラアザミ)

メスグロヒョウモン♀(*Damora sagana*/40 mm)

フジバカマ大好き

Eupatorium japonicum

1. サトジガバチ

それにしてもずい分腰がくびれている。

幼虫のエサにする青虫を狩る時にはさぞ都合良く曲がるのだろう。

1

2

2. アサギマダラ

日本の北から南まで渡りをするチョウとして有名。
お気に入りのフジバカマの花でひと休み。

4

1. サトジガバチ
   (*Ammophila sabulosa*/22～25 mm)
2. ヤクシソウ
3. アサギマダラ
   (*Parantica sita*/53～62 mm)
4. ノダケ

秋の花とハチ、アブ
Bees, wasps, and hoverflies on flowers

ひと時もじっとしていないハチやアブを撮るのは
なかなか大変。でもその姿はとても愛らしく、つい
レンズを向けてはまた逃げられる…の連続である。

1

2

3

4

5

6

7

1. アキノタムラソウにルリモンハナバチ（*Thyreus decorus*/13〜14mm）
2. アキノノゲシにハナバチのなかま（9〜13mm）
3. ハギのなかまにハキリバチのなかま（9〜13mm）
4. キツネノマゴにクロマルハナバチ♂（*Bombus ignitus*/15〜19mm）
5. ヤブカラシにフタモンアシナガバチ（*Polistes chinensis*/14〜19mm）
6. ヤブカラシにアカアシツチスガリ（*Cerceris albofasciata*/12mm）
7. ハギのなかまにアオスジハナバチ（*Nomia punctulata*/10〜11mm）

ハチとアブを見分けるには
ハナバチとハナアブは見た目はそっくり。
しかしハチはむしろアリと近いなかま、
一方アブはハエと近いなかまで、体の構造は明らかに異なる。
翅はハチは4枚、アブは2枚。そして触角はハチの方が長く、
アブは小さな棍棒状。（例外もある）※

※例えば、本書 P133 の "ハチにそっくりのアブ" は
　1．2．4 共 Y 字型の少し長い触角を持つ。

1. キバナアキギリにトラマルハナバチ
   (*Bombus diversus*／18〜25 mm)
2. アキノノゲシにナミハナアブ（ハナアブ）
   (*Eristalis tenax*／11〜16 mm)
3. ノハラアザミにキンケハラナガツチバチ
   (*Megacampsomeris prismatica*／17〜27 mm)
4. マメアサガオにアカガネコハナバチ
   (*Halictus aerarius*／7〜8 mm)
5. ニラにミカドトックリバチ
   (*Eumenes micado*／10〜15 mm)
6. セイタカアワダチソウにキゴシハナアブ
   (*Eristalinus quinquestriatus*／9〜12 mm)

秋のバッタたち
Grasshoppers and katydids

1. ノハラアザミにアシグロツユムシ

1

2. クルマバッタ

2

1. アシグロツユムシ
   (*Phaneroptera nigroantennata*/
   29〜37 mm　翅先まで)
2. クルマバッタ
   (*Gastrimargus marmoratus*/35〜65 mm)
3. イナゴのなかま
   (*Oxya sp.*)
4. ツユムシ
   (*Phaneroptera falcata*/29〜37 mm　翅先まで)

3. チカラシバにイナゴのなかま

4. 朝露のツユムシ

チカラシバの花序に朝露が光る。葉っぱに似た形のツユムシも
朝露をびっしり背負っている。（中央：ムラサキツメクサ）

3

4

県民の森の秋
The forest

キク科の花、黄色はアキノキリンソウ、うす紫はノコンギク、ピンクはノハラアザミ、白はシロヨメナ。
濃い赤紫はワレモコウ、細かい種をつけたオカトラノオ、乾燥した花穂が2本あるのがウツボグサ。
みんな秋の風の中……

1

2

ハンター1　シロモンノメイガの受難

Hunter #1: Praying mantis

私は花に来ている黒っぽいガを撮っていた。
次の瞬間ガは見えなくなり、代りにオオカマキリの顔が大写しに！
……2分もかからずにガを完食したオオカマキリは、カメラをガン見。
（花はユウガギク）

食事中…

完食！

1. オオカマキリ
   (*Tenodera sinensis*/70〜95 mm)
   シロモンノメイガ
   (*Boccharis inspersalis*/16〜22 mm)
   ナミハナアブ
   (*Eristalis tenax*/11〜16 mm)
2. リンドウとアマガエル

ハンター2
里山の命のやりとり

1

Hunter #2: Damselflies, fly, and spiders

アオモンイトトンボは何か動くモノをしっかりくわえている。
クネクネ動いているのは自分より一回り小さい
アジアイトトンボのようだ。…9月のある日のクズ野原。

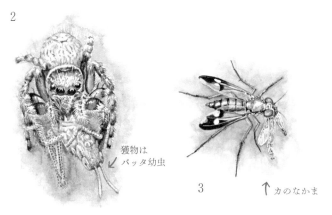

獲物は
↙ バッタ幼虫

3   ↑ カのなかま

ハチ↗   4

1. アオモンイトトンボ（*Ischnura senegalensis*／30〜35 mm）
2. マミジロハエトリ（*Evarcha albaria*／♂ 6〜7 mm、♀ 6〜8 mm）
3. マダラホソアシナガバエ（*Condylostylus nebulosus*／5〜7 mm）
4. ハナグモ（*Ebrechtella tricuspidata*／♂ 3〜5 mm、♀ 5〜7 mm）

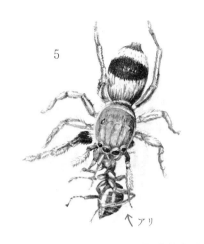

5

↑ アリ

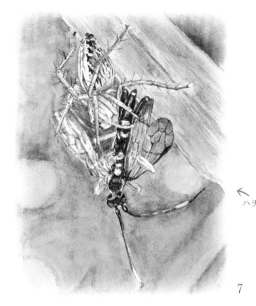

↑
ハチ

7

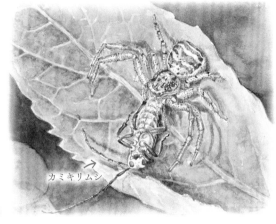

↑
カミキリムシ

6

5. アオオビハエトリ
  (*Siler cupreus*/♂ 4〜6 mm、♀ 5〜7 mm)
6. ヤミイロカニグモ
  (*Xysticus croceus*/♂ 4〜7 mm、♀ 5〜10 mm)
7. ササグモ
  (*Oxyopes sertatus*/♂ 7〜9 mm、♀ 8〜11 mm)
8. ナガコガネグモ
  (*Argiope bruennichi*/♂ 6〜12 mm、♀ 20〜25 mm)

まさに今、クモがお尻から糸をくり出している！
獲物はイナゴ！

8

きのこと虫
Insects and mushrooms

きのこの多い森は豊穣の森。
植物が元気で虫も多い。
すべてバランス良く
つながっていて無駄も無理もない。

1

1. ウスキテングタケとツクツクボウシの
   ぬけがら
   (*Meimuna opalifera*／41〜47 mm)
2. アガリクス・エセッティの一種と
   センチコガネ
   (*Phelotrupes laevistriatus*／14〜20 mm)

センチコガネは、獣の糞や死骸、
きのこなどを食べる糞虫。
紫、藍、金などの光沢が美しいが、
手にとると少し臭い。

2

3

4

ハサミムシのかくれんぼ

カタツムリ食事中

5

ニイニイゼミ、羽化したばかり

6

3. タマゴタケにカタツムリ
4. ヤマドリタケモドキに
   ハサミムシ
   (*Anisolabis maritima*/18〜36 mm)
5. ムラサキヤマドリタケに
   ニイニイゼミ
   (*Platypleura kaempferi*/20〜24 mm)
6. チャヌメリカラカサタケと
   コガタコガネグモ
   (*Argiope minuta*/♂ 4〜5 mm、
   ♀ 6〜12 mm)

秋の色　柿の実にキタテハ
Butterflies on persimmon

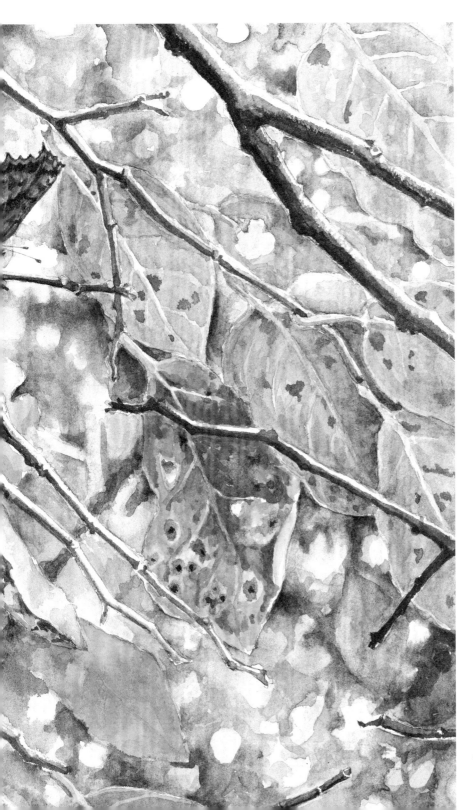

キタテハ
(*Polygonia c-aureum*/27 mm)

ハエの目がすごい！
Impressive eyes of flies

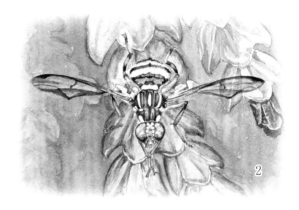

1. コセンダングサにオオハナアブ
   (*Phytomia zonata*/11〜16 mm)
2. アスナロにミスジミバエ
   (*Zeugodacus scutellatus*/10〜12 mm)
3. ミツボシハマダラミバエ
   (*Proanoplomus japonicus*/6〜7 mm)
4. シオンにツマグロキンバエ
   (*Stomorhina obsoleta*/5〜7 mm)
5. アオメアブ
   (*Cophinopoda chinensis*/20〜29 mm)
6. アキノノゲシにナミハナアブ
   (*Eristalis tenax*/11〜16 mm)

秋の大根畑
Japanese radish patch

10月末の早朝、畑に行くと大根葉に
ひっそり止まるモンシロチョウを発見。
翅はもちろん、触角や目にまで朝露が
降りていた。

2

1

2

1. モンシロチョウ
   (*Pieris rapae*/20〜30 mm)
2. オランダイチゴの葉

ヒシバッタの多様性
Diversity of tetrigidae

ここに描かれたヒシバッタのなかま、
成虫は翅が退化して翔べない個体が多いが、
後脚が発達していてジャンプして移動する。
背中の模様は多様で、なかなか興味深い。

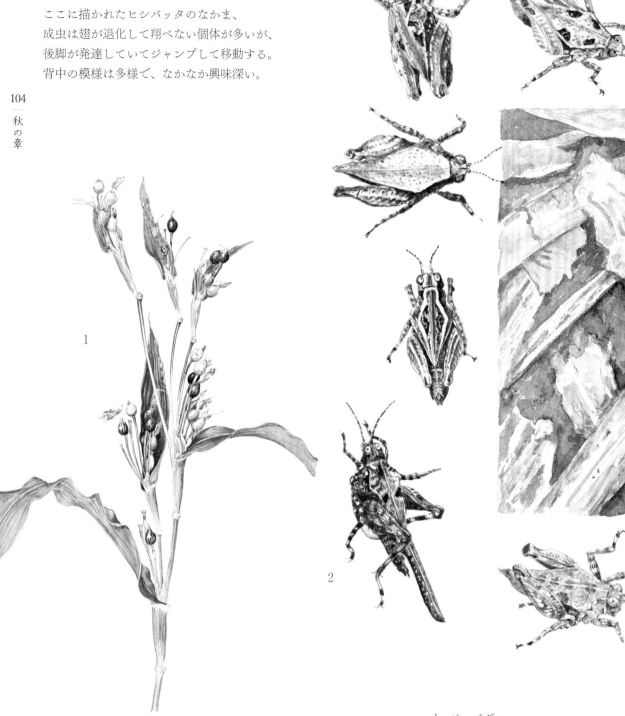

1. ジュズダマ
2. ハネナガヒシバッタ
   (*Euparatettix insularis*/14〜19 mm)

3. トゲヒシバッタ（*Criotettix japonicus*/19〜27 mm）
4. イシミカワ
他 12 点はハラヒシバッタ（*Tetrix japonica*/6〜11 mm）

成虫越冬のチョウたち
Living through the winter as adults

秋も終りになると、チョウの姿はめっきり
減ってくる。それでも天気が良ければ、
成虫越冬のチョウがひなたぼっこしている
姿が見られる。

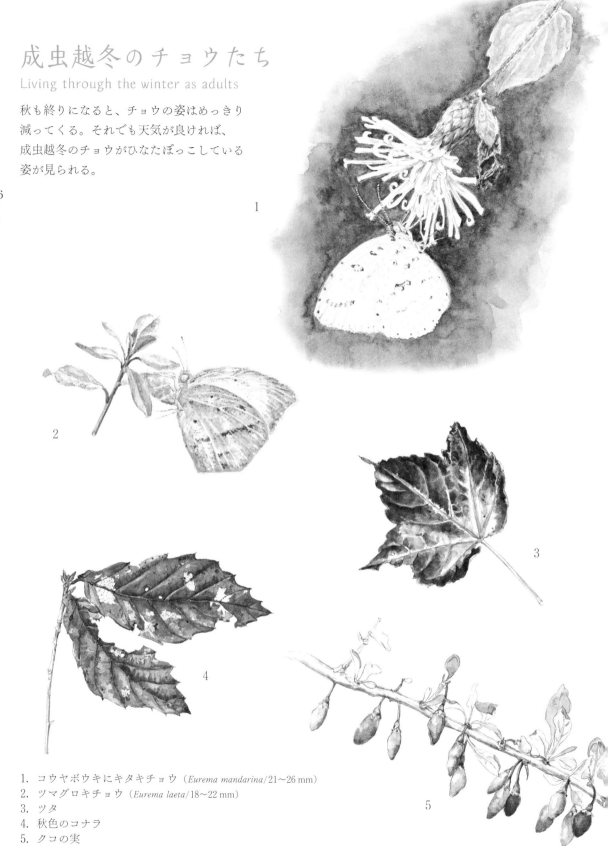

1. コウヤボウキにキタキチョウ（*Eurema mandarina*/21〜26 mm）
2. ツマグロキチョウ（*Eurema laeta*/18〜22 mm）
3. ツタ
4. 秋色のコナラ
5. クコの実

林床でひなたぼっこするアカタテハ。

初霜が降りると
里山を草紅葉が彩る。

6. 枯葉　左クヌギ　右コナラ
7. シラカシ
8. アカタテハ（*Vanessa indica*/32 mm）
9. ツタ
10. キツネノマゴ

カマキリの産卵
Laying eggs

カマキリが産卵しているところに出会った。
一心不乱に産み続けるカマキリ。真白な泡で、
産んだ卵が守られてゆく。（植物はホソアオゲイトウ）

オオカマキリとチョウセンカマキリ（別名カマキリ）は
よく似ているが、オオカマキリは後翅が紫褐色で、
前脚のつけ根は黄色。
チョウセンカマキリは後翅の色がうすく
前脚のつけ根は朱色。
また卵のう（卵の袋）は、チョウセンカマキリは
オオカマキリより細長い。

チョウセンカマキリ
(*Tenodera angustipennis*/65〜90 mm)

冬 の 章
Winter

小春日和

12月の林床、陽気に誘われてムラサキシジミがひなたぼっこ。

ムラサキシジミ（*Arhopala japonica*／17 mm）

寒さに耐えるチョウ
Bearing the cold

ウラギンシジミが、コナラの葉裏で木枯らしが通り過ぎるのを待っている。

1. ウラギンシジミ（*Curetis acuta*/21 mm）
2. ヒサカキ
3. ヤブムラサキ

ウスタビガの冬

Moth died on the forest floor

クヌギやコナラが散りしく冬の林床に、ウスタビガが一頭。
ちょっと休むつもりで、そのまま息絶えたようだ。
左上はウスタビガの繭。

ウスタビガ（*Rhodinia fugax*/75〜110 mm）

1

2

3

4

8

5

6　　　7

林縁のつるのカーテン
Curtain of vines

青い実はアオツヅラフジ、
葉はスイカズラ（別名ニンドウ〈忍冬〉
冬も葉を落とさず緑色を保つことから）。
年を越すと葉も少し赤味を帯びてくる。

アオツヅラフジとスイカズラ

ねむりの季節
Time to sleep

ウラギンシジミの越冬

一月中旬、真冬の林床に何かの翅の端っこが見えた。
枯葉をそっとめくると、横たわる銀色のチョウが。
死んではいない、かすかに手足を動かしている。
写真を撮った後に、葉っぱをそっと元通りに戻した。

ウラギンシジミ（*Curetis acuta*／21 mm）

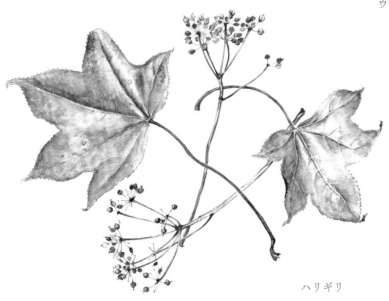

ハリギリ

図鑑が好きだ
I love insect picture books

2

幼い頃から昆虫図鑑は友達だった。ページをめくると、きれいな虫、奇妙な虫が次から次へと出てきてわくわくした。外国の虫のページには想像もつかない色や形の虫がたくさんいて、ため息が出た。母にねだって夏休みのデパートの催事に行き、モルフォチョウの標本を見たことは今でも忘れない。

虫の写真を撮るようになって、いろいろなタイプの図鑑が本棚に増えた。昔は手描きの絵や、標本の写真を図鑑にしたものが多かったが、今はフィールドでの生態写真を掲載したものが多い。標本の写真図鑑は、1ページに虫が数多く並んでおり、標本箱を見ているようで、大きさや近似種との細部の違いがよくわかる。一方、生態写真図鑑は1種のスペースも大きく、植物も写り込んで虫の色も美しく、それ自体をアートとして楽しめる。

また虫の写真の下の説明を読むのも楽しい。図鑑だから、虫の大きさ、分布、活動時期、食性、特徴などの情報が主となるが、時折筆者の心の声が入っている。「その姿は天使のように美しい」マエアカスカシノメイガ（秋の章 P84 参照）、「軽く反り返った小粋なポーズでとまる」マメノメイガ（夏の章 P63 参照）、など。ちょっと楽しい。

総合的な昆虫図鑑でも、筆者の得意分野があるとみえて、記載されている虫の数が本によって随分異なる。私は虫の種類ごとに本を取り替えて当たるようにしていたが、それでは机の上に本が積み上ってしまう。最近、どの種類の虫もかなり詳しく網羅されている図鑑を手に入れて、これ一冊でほぼ事足りるので重宝している。「昆虫探検図鑑」1600（全国農村教育協会刊）、ぶ厚いがオススメである。

一方特定の虫に特化したハンドブックタイプの図鑑が文一総合出版社から出ている。お値段も手頃。私はイモムシ1～3やハチ、ハエトリグモ、ハムシ、テントウムシ、カミキリムシなどの図鑑をよく使う。やはり著者の虫への愛が垣間見えることがあり、例えばイモムシの本ではこんな記載があった。「模様が複雑で美しいシャチホコガ幼虫」ホソバシャチホコ（結びの章 P126 参照）。

1. キヅタ
2. ハルジオンにアカアシオオクシコメツキ
   （*Melanotus cete*／15～19 mm）

1

結びの章

虫の世界へようこそ
Welcome to the world of insects

かくれる虫　1. バッタ、緑の中へ
Hiding away　Grasshoppers and katydids

1

2

1.　ヤブキリ（*Tettigonia orientalis* / ♂ 45〜52 mm、♀ 47〜58 mm）
2.　ツチイナゴ幼虫（*Patanga japonica* / 成虫♂ 40 mm、♀ 47 mm）
3.　サトクダマキモドキ（*Holochlora japonica* / 45〜62 mm）
4.　ショウリョウバッタ（*Acrida cinerea* / ♂ 45〜52 mm、♀ 75〜82 mm）

英語では、バッタ目のなかで、鳴かないタイプのイナゴやトノサマバッタを
grasshopper（草むらを跳ぶ者）と呼び、鳴く虫のキリギリスのなかまを katydid と呼ぶそうだ。
Katydid-Katydidn't…（ケティーがした、ケティーはしてない…）と鳴くからというが、さて？…
ちなみに、鳴く虫でもコオロギは cricket。

3

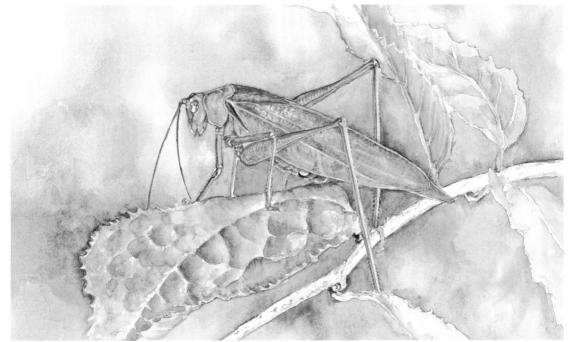

4

2. 緑色のガ
Green moths

ノイバラの草むらに、ひっそりとチズモンアオシャク。
翅のヘリも、いたんだ葉っぱのようだ。

1

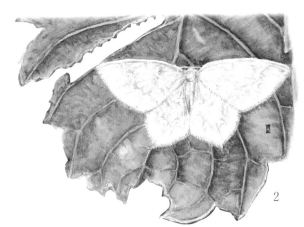

2

3

羽化したての新鮮な個体は
青味が強い。

1. チズモンアオシャク（*Agathia carissima*／27〜34 mm）
2. ウスキヒメアオシャク白（*Jodis urosticta*／15〜21 mm）
3. ウスキヒメアオシャク青

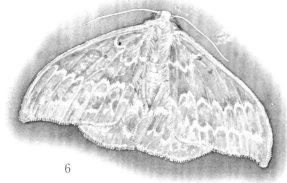

4. ヒメカギバアオシャク
（*Mixochlora vittata prasina*／29〜40 mm）
5. コヨツメアオシャク
（*Comostola subtiliaria*／13〜23 mm）
6. カギバアオシャク
（*Tanaorhinus reciprocatus*／55〜70 mm）
7. カギシロスジアオシャク
（*Geometra dieckmanni*／29〜45 mm）

7

逆光の中、葉裏にとまるガも緑に溶け込んでゆく。

3. 葉の上の白いモノ、フン？
Something white on leaves

遠くから見ると白いトリのフン？　近づくと3回に2回はやはりトリのフンか枯葉。
でもあと1回は「おや、左右対称、虫！」と確認。
翅を持つ昆虫は、バランス良く翔ぶために左右対称に出来ているのだ。

結びの章　虫の世界へようこそ

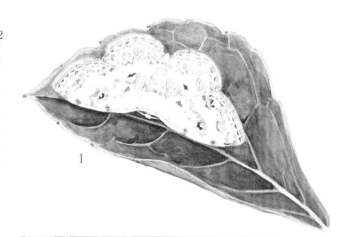

1

2

3

4

5

1. ウンモンオオシロヒメシャク （*Somatina indicataria*/23〜29 mm）
2. ウススジオオシロヒメシャク （*Problepsis plagiata*/19〜22 mm）
3. ギンツバメ （*Acropteris iphiata*/25〜29 mm）
4. キナミシロヒメシャク （*Scopula superior*/18〜25 mm）
5. ギンバネヒメシャク （*Scopula epiorrhoe*/16〜21 mm）

4. 葉の上に小枝 ? 葉っぱ ?
Twigs on leaves

どう見ても白い小枝 ?
おや脚があるぞ、と写真を撮った瞬間、
ころがって落ちた。

1

2

4

遠目には少しねじれた葉っぱのように見えたが…。
先がカギのように曲った翅が特徴的。

3

1. ナカモンツトガ
   (*Chrysoteuchia porcelanella*/16〜25 mm)
2. ツマキシャチホコ
   (*Phalera assimilis*/48〜75 mm)
3. ヤマトカギバ
   (*Nordstromia japonica*/25〜37 mm)
4. セグロシャチホコ
   (*Clostera anastomosis*/25〜35 mm)

5. 里山のニンジャたち①
Dry leaves and dead branches

枯れ枝に何か枯れた葉がひっかかっているような…？
何と、枝にぶら下っているガである。うまく化けている自信が
あるのか、近づいて写真をとっていてもビクともしない。

2

3

1

5

6

4

1.　チャオビヨトウ
　　（*Niphonyx segregata*/32 mm）
2.　ナカグロクチバ
　　（*Grammodes geometrica*/38〜42 mm）
3.　ナミテンアツバ
　　（*Hypena strigatus*/28 mm）
4.　ホソオビアシブトクチバ
　　（*Parallelia arctotaenia*/38〜44 mm）
5.　ウンモンクチバ
　　（*Mocis annetta*/40〜47 mm）
6.　ヤガのなかま

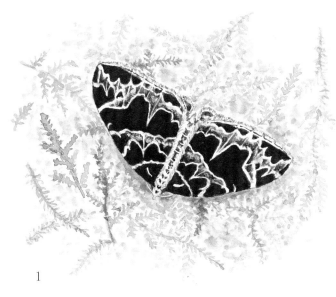

1

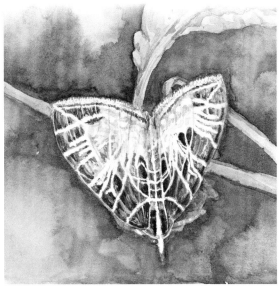

2

4

ホソバシャチホコの幼虫の食草はコナラ、
クヌギなどのブナ科の植物。幼虫は虫くいの
葉のヘリに、上手に隠れている。

3

スズメガのなかま、ホシヒメホウジャクが
ベニシダのかげにとまっている。
枯れた葉っぱのようにひっそりと…。

1. ビロードナミシャク（*Sibatania mactata*/30〜45 mm）
2. セスジナミシャク（*Evecliptopera illitata*/20〜28 mm）
3. ホシヒメホウジャク（*Neogurelca himachala*/35〜40 mm）
4. アラカシにホソバシャチホコ　幼虫（*Fentonia ocypete*/成虫：42〜48 mm）

6. クモたちのかくれんぼ
Spiders playing hide and seek

1

ゴンズイの芽に
ワカバグモが
かくれている。

2

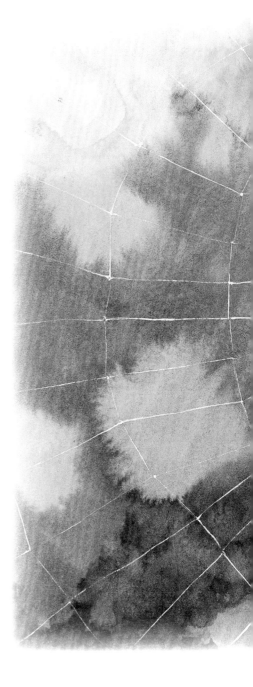

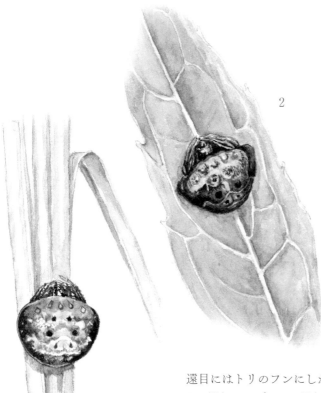

3

遠目にはトリのフンにしか見えないが、いや脚がある。
3は褐色タイプ、2は黒色変異のメスで、
いずれも「シロオビトリノフンダマシ」というクモ。

4

ゴミグモは網の中央部に「ゴミリボン」といわれる
食べカスや脱皮ガラを集めたゴミの塊を
付着させ、その中にひそむ。

1. ワカバグモ
   (*Oxytate striatipes*/♂ 6〜11 mm、♀ 9〜12 mm)
2. シロオビトリノフンダマシ黒
   (*Cyrtarachne nagasakiensis*/♂ 1〜2 mm、♀ 5〜8 mm)
3. シロオビトリノフンダマシ茶
4. ゴミグモ
   (*Cyclosa octotuberculata*/♂ 8〜10 mm、♀ 10〜15 mm)

7. 自然の中にさりげなく
Blending with the nature

マルバハッカの草むらで白にまぎれるシロヒトリ

シロヒトリ（*Chionarctia nivea*/52〜66 mm）

背は渋い金色に輝き、
腹はさわやかな黄緑に黒い縞。
とても美しいアブ。

コガタノミズアブ（*Odontomyia garatas*/10〜13 mm）

ヤマトクサカゲロウ（*Chrysoperla nipponensis*／22〜29 mm）

草の陰でひっそりと休むスジグロシロチョウ。

スジグロシロチョウ（*Pieris melete*／28〜32 mm）

ハチにそっくり　1. トラカミキリのなかま
Just like wasps　Longhorn beetles

オオスズメバチ

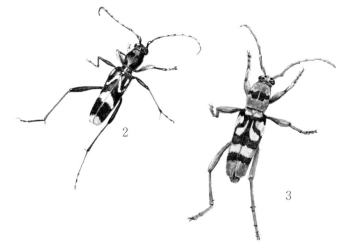

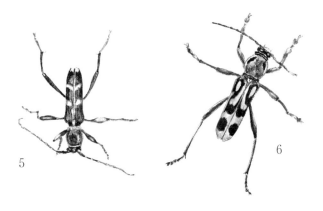

1. オオスズメバチ
   (*Vespa mandarinia*/27〜45 mm)
2. ホソトラカミキリ
   (*Rhaphuma xenisca*/10 mm)
3. ヨツスジトラカミキリ
   (*Chlorophorus quinquefasciatus*/14〜20 mm)
4. トラフカミキリ
   (*Xylotrechus chinensis*/15〜25 mm)
5. ヒメクロトラカミキリ
   (*Rhaphuma diminuta*/4.5〜8 mm)
6. タケトラカミキリ
   (*Chlorophorus annularis*/10〜15 mm)

2. ハエ・アブのなかま
Flies and hoverfly

毒のあるハチにそっくりだと、
捕食者に食べられる確率も減ると考えられる。

1

2

3

4

1. メバエのなかま
2. ムネグロメバエ
　（*Conops opimus*／12〜18 mm）
3. アブラナのなかまに
　ヒサマツハチモドキハナアブ
　（*Ceriana japonica*／15〜18 mm）
4. フトハチモドキバエ
　（*Eupyrgota fusca*／14〜18 mm）

オオフタオビドロバチ

1

2

結びの章　虫の世界へようこそ

3

4

このページの 3 点のがは、
外で出会うととてもガとは気付かない。
翅はハチのように半透明で、
黒い胴体に黄色い縞というデザインもハチにそっくり。
強いていえば、腹部に毛があるか、ないかだろうか。

1. オオフタオビドロバチ
   (*Anterhynchium flavomarginatum*／16〜18 mm)
2. ノリウツギにヒメアトスカシバ
   (*Nokona pernix*／21〜29 mm)
3. コスカシバ
   (*Synanthedon hector*／18〜32 mm)
4. ブドウのなかまにブドウスカシバ
   (*Nokona regalis*／30〜35 mm)

5

6

このページの、オオスカシバ、ホシホウジャクなどのスズメガのなかまは、ハチドリに間違えられることも多い。
そういえば、花の蜜を吸うストローがクチバシに見えるし、ホバリングする姿がハチドリに見えないこともない。

5.　コセンダングサにオオスカシバ（*Cephonodes hylas*/50〜70 mm）
6.　ミントのなかまにホシホウジャク（*Macroglossum pyrrhosticta*/50〜55 mm）

ケイコク色のガのなかま

Warning coloration of moths

有毒で危険な生物は、赤や黄色の派手な色や紋様で、
捕食者に危険を警告する。それを利用して、有毒な生物に似せた
無毒な生物が、捕食者などに事前に知らせる体色を警告色という。

1. クヌギの葉にホタルガ
   (*Pidorus atratus*/42〜57 mm)
2. カノコガ
   (*Amata fortunei*/30〜37 mm)
3. ハルジオンにキハダカノコ
   (*Amata germana*/30〜37 mm)

テントウムシにそっくり
Just like ladybugs

3. マルウンカ、5. ムネアカアワフキは
カメムシのなかま。それ以外は甲虫のなかま。

1.　ヨツボシハムシ（*Paridea quadriplagiata*／5〜5.7 mm）
2.　ヨツボシテントウダマシ（*Ancylopus pictus*／4.5〜5 mm）
3.　マルウンカ（*Gergithus variabilis*／5.5〜6 mm）
4.　ムツボシツツハムシ（*Cryptocephalus sexpunctatus*／6 mm 前後）
5.　ムネアカアワフキ（*Hindoloides bipunctata*／4〜5 mm）
6.　クロボシツツハムシ（*Cryptocephalus signaticeps*／4.5〜6.2 mm）
7.　ヤツボシハムシ（*Gonioctena nigroplagiata*／5〜6.4 mm）

アリにそっくり
Just like ants

アリグモを初めて見た時、私はアリと信じて疑わなかった。体形も歩き方もアリそのもの。
けれどよくよく見てみると、その目玉といい、長いキバといい…ナニコレ！？　宇宙人！？
小さくて動きの早いヤツらは写真をまともに撮らせてくれない。追い回して、追いついて、
やっと撮れると思った瞬間、ヤツは糸をくり出して真下に逃げて行った。やはりクモ！さすがクモ。

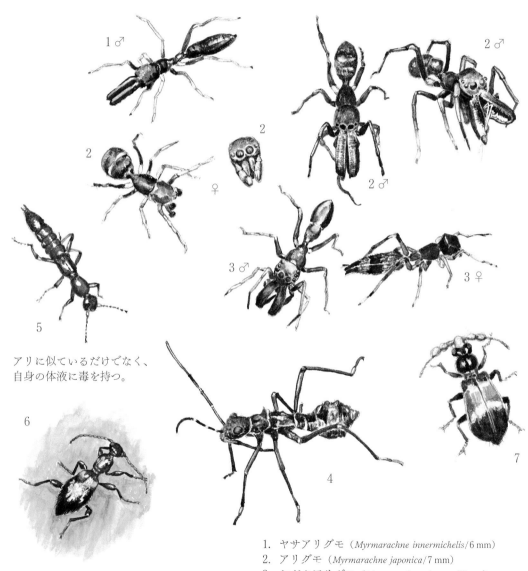

アリに似ているだけでなく、
自身の体液に毒を持つ。

1、2、3はクモ、4はカメムシ。
5、6、7はアリに似た甲虫。
背面の中央にうっすらタテ線があるので、
アリではないことがわかる。

1. ヤサアリグモ（*Myrmarachne innermichelis*/6 mm）
2. アリグモ（*Myrmarachne japonica*/7 mm）
3. ヤガタアリグモ（*Myrmarachne elongata*/7 mm）
4. ホソヘリカメムシ幼虫（*Riptortus pedestris*/成虫14~17 mm）
5. アオバアリガタハネカクシ（*Paederus fuscipes*/7 mm 前後）
6. ホソクビアリモドキ（*Formicomus braminus*/2 mm）
7. ヒロオビジョウカイモドキ（*Intybia histrio*/2.6~3.2 mm）

目玉もようのガ
Eyeball pattern

チョウやガ、その幼虫などの体にある目玉もよう（眼状紋）は
鳥などの目にはこわいものに見えることが実験で証明されている。
鳥がエサの虫を食べようとした瞬間、この眼状紋が現れると、びっくりして逃げ出すという。
こうして長い歴史の中で眼状紋をまとった虫は、鳥にあまり食べられずに生き残ったのである。

ハグルマトモエ（*Spirama helicina*/55〜75 mm）

表

裏

ヒメヤママユ（*Saturnia jonasii*/85〜105 mm）

擬態・警告色などのまとめ
Summary of mimicry

虫を探しながら日々歩いていると、毎回「何故？」の連発である。何故こんな形？　何故こんな色？　人間が思いつかない形や、普通の絵具で出せないような色、或いは植物そっくりの形や色、はたまた目立ちすぎる色、そして虫同士のそっくりさん……

自然の長い歴史の中で、今日まで生き延びた生物なのだから、ひとつも無駄はないし、色や形も意味があるはずだ。そのすべてを人間の叡知で説明することはできないが、厳しい環境の中で虫たちが何とか身を守り、適応してきたことの結果であるのは間違いない。

結びの章の前半では、擬態の虫たちを絵で紹介したが、このページではそのまとめをしていこうと思う。絵を参照しながら、以下の文章を読んでいただくとよりわかりやすいと思う。

1.　かくれる虫
（結びの章 "かくれる虫" 参照）

虫たちは人間の理解を超えるほど、色や形が様々である。けれど地球上の環境も勿論一様ではなく、地形や気候の違いによって様々な色や形の植物相があり、その中に虫たちは自分の住みかをみつけてきた。虫の周囲の植物の葉や幹、土や岩などに似た色や形をした虫たちは、当然捕食者の目からも逃れやすく、有利に生き延びてきたのは間違いない。

2.　攻撃型の虫

虫たちの中には、他の動物に補食されないように、毒を溜める、まずい味を持つ、攻撃する、などの方法を選んだ者もいる。（例えばハチやアリ、テントウムシやドクチョウのなかまなど）このような虫は赤や黄色の派手な色や紋様で、捕食者に「危険！」というサインを出している。すると例えば一匹のテントウムシが食べられたとしても、「まずい！」という経験をしたトリが次に同じ色のテントウムシを避けることがあるという。

3.　そっくりさん
（結びの章　P132〜139 参照）

そして一方無毒な生物でも、その外見がある有毒生物にそっくりな場合は、捕食者からの攻撃を逃れているという例がある。（ハチそっくりのカミキリムシ、ハエ、アブ、ガ。アリそっくりの虫たち。テントウムシ似の虫たち）また、無毒な生物が有毒生物そっくりの色をまとって身を守る場合は、「警告色」と呼ばれる。その他、目玉もようを持つチョウやガが、目玉もようをこわがるトリの補食から逃れるという例もある。

サササキリの幼虫はアリに
擬態しているといわれる（体長約 5 mm）
サササキリ（*Conocephalus melaenus*/成虫 20〜28 mm）

虫はたくましい

地球上の生物種は既知のもので約200万種、その中で昆虫はその半分以上の種を占めていると言われている。（生物種の数は諸説ある）その個々は小さくても、実は地球上で最も繁栄している生物だといえよう。

昆虫は長い時間をかけて世代を重ねていくうちに突然変異が起こり、それがくり返され、その時の環境に適応した種が生き残った。他の動物に比べて種のライフサイクルが短く、種の分化のサイクルも早い。そうして多くの種が生み出され、その中のいくつかが生き延びることができた。その結果多くの種がこの地球上に存在することになった。

昆虫の変態というしくみも、昆虫の繁栄には見逃せない要素である。例えば幼虫の時期をイモムシで過ごす虫の場合、イモムシはとても弱々しく見えるが、その生活する場として水、葉、実、土、朽木、木の中などバラエティーに富んだ環境を選び、その中に身をひそめてたくましく生きている。そして昆虫は幼虫から成虫に変態するに当たって身体のしくみも劇的に変わる。進化の過程で翅を獲得した昆虫は、成虫になるとその翅で異なった環境へとび出す。敵から逃げるにも、エサやパートナーを探すにも、翅があることが特別有利に働いている。虫は実はたくましいのだ。

• •

死んだふり

「お！　虫がいた！」とレンズを向けた瞬間、ころりと落ちて逃げられたことが何度あったことか。下の草むらに落ちるとほぼみつからないが、たとえみつかっても脚を縮めてしばらく動かずに、死んだふりをする。甲虫が多いが、木の枝に似たガ（結びの章 P123　ツマキシャチホコ）もころりと落ちて姿をくらました。

2

1

1. ハナムグリのなかま、うら返し
2. カツオゾウムシのなかま、うら返し (Lixus sp.)

1.　ハチでもカメムシでもガガンボでもなく顔は馬面。
オスの腹部はサソリのように巻き上がり、
その先にはハサミムシのようなハサミがある。
正解はシリアゲムシ目シリアゲムシ科ヤマトシリアゲ。
(*Panorpa japonica*/13〜20mm)　左はオス、右はメス

2.　黒い翅に白い紋がおしゃれな甲虫
和名　シラホシハナノミ
学名は *Hoshihananomia perlata*/6.5〜9mm、ハナノミ科。
属名に"ホシハナノミア"を見つけて、少しうれしかった。
林縁の葉や花の上で見られる。

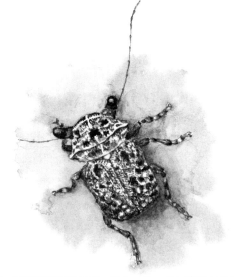

3.　雄は頭部側面が出っ張り、その先に複眼がある。
和名　エゴヒゲナガゾウムシ、ヒゲナガゾウムシ科。
(*Exechesops leucopis*/3.5〜5.5mm)
別名　ウシヅラヒゲナガゾウムシ
正面から見ると"ウシヅラ"の意味がわかる。
エゴノキの実に集まる。

2. らしくないガのなかま
Unique Moths

2. 体長は 1 cm ほどだが、よく見るととても美しい。
"キバガ" という名の通り、"キバ" がある。
カノコマルハキバガ
(*Schiffermuelleria zelleri*/15〜19 mm)

3. 毛深いマルハナバチに擬態しているといわれ、
野外で見ると一瞬ハチのように見える。
モモブトスカシバ
(*Macroscelesia japona*/♂ 16〜26 mm、♀ 17〜30 mm)

1. オスの触角がとんでもなく長いヒゲナガガのなかま。
まず触角の長さに驚かされ、そして翅の輝きに魅せられる。
オヤブジラミにクロハネシロヒゲナガ
(*Nemophora albiantennella*/11〜14 mm)

4. 昼行性で花に集まるガ。
幼虫はブドウ科の葉を食べるので、
「害虫」と呼ばれがちだが、
成虫の瑠璃色の光沢はとても美しい。
マーガレットにブドウスカシクロバ
(*Illiberis tenuis*/30 mm)

5. 1 と同じくヒゲナガガのなかま。
ショカツサイにホソオビヒゲナガ
(*Nemophora aurifera*/14〜17 mm)

3. カメムシのなかま
Hemiptera

カメムシのなかまは、多様性に富んでいる。
一般的なカメムシや、ここに絵のあるウンカ、
アワフキ、ハゴロモの他に、ヨコバイやツノゼミ、
セミやアブラムシまでカメムシ目！
カメムシ目はあなどれない。

結びの章 虫の世界へようこそ

1

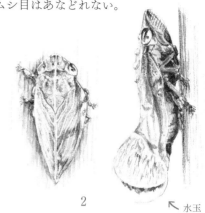

2

← 水玉

3

4

5

1. アカハネナガウンカ
   (*Diostrombus politus*/体長 4 mm、翅端まで 9〜10 mm)
2. シロオビアワフキ
   (*Aphrophora intermedia*/11〜12 mm)
3. スケバハゴロモ
   (*Euricania facialis*/9〜10 mm)
4. テラウチウンカ
   (*Terauchiana singularis*/6 mm)
5. ツマグロスケバ
   (*Orthopagus lunulifer*/11〜15 mm)

神様のすてきなデザイン
Nature is the greatest artist

愛媛松山のお寺の生け垣にこのイシガケチョウを発見。図鑑でしか見たことがなかったこのモダンな
デザインが、現実に翔んでるなんて夢のよう！植物はオオイタビ（クワ科）
イシガケチョウ（*Cyrestis thyodamas*/26〜36 mm）

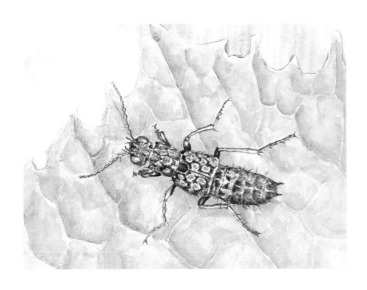

北海道野幌森林公園の旅も終り間近、
バス待ちの時、フキの葉の上に1 cm
ほどのこの虫をみつけた。何とか1枚
だけ写真を撮ったが、あっという間に
翅を広げて逃げて行った。淡い水色の
翅が妖精のようだった。ハネカクシの
なかまは、小さな堅い前翅の下に後翅
がうまく折り畳まれている。このハネ
カクシ、名前は「サビ」と地味だが、
生きているサビハネカクシの体は水玉
もようが宝石のように美しい。
サビハネカクシ
（*Ontholestes gracilis*/10〜13 mm）

美しい甲虫たち
Beautiful beetles

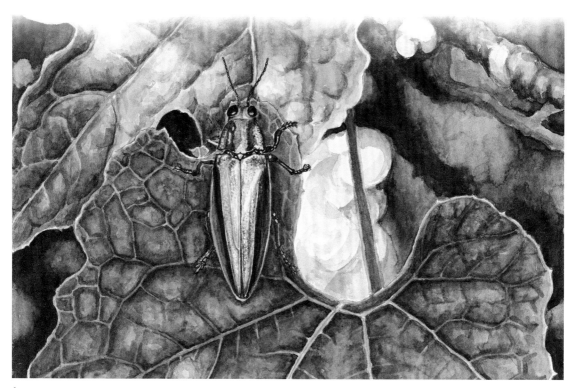

1

光り輝くヤマトタマムシも、暗がりのカラスウリの葉で
一休みする時は、光の巾を狭め、少し控えめに止まっている。

2

3

1. ヤマトタマムシ（タマムシ）（*Chrysochroa fulgidissima*／25〜41 mm）
2. ニワハンミョウ（*Cicindela japana*／15〜19 mm）
3. ハンミョウ（*Cicindela chinensis japonica*／18〜20 mm）

ある夏の日、我家の庭に
突然訪れたルリボシカミキリ。
思っていたより華奢ではかなげ。
ルリボシカミキリ（*Rosalia batesi*/14〜29 mm）

アジサイにベニカミキリ（*Purpuricenus temminckii*/12〜19 mm）

美しいカメムシたち
Beautiful stink bugs

カメムシは臭いオナラをするのであまり人気がないが、こんなにきれいなカメムシもいる。
そしてオナラも、身を守ったり、なかまに危険を知らせるための大事な手段なのだ。

1

2

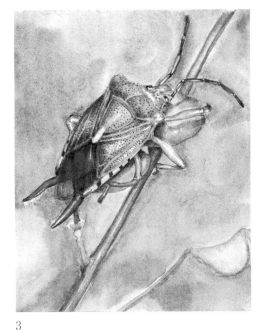

3

4

1. セアカツノカメムシ（*Acanthosoma denticaudum*／14〜19 mm）
2. エサキモンキツノカメムシ（*Sastragala esakii*／11〜13 mm）
3. ヒメハサミツノカメムシ（*Acanthosoma forficula*／14〜17 mm）
4. アカスジキンカメムシ（*Poecilocoris lewisi*／9〜12 mm）

結びの章　虫の世界へようこそ

ネグンドカエデ

カメムシの幼虫は、孵化した後
脱皮する度に幼虫のデザインが
変わるおしゃれな虫だ。
９月のある日、ネグンドカエデの葉裏に
アカスジキンカメムシの２令から５令までの
幼虫たちが集結していた。右下の黄色っぽい
幼虫は多分３令の皮を脱いだばかり。
時間がたてば黒っぽくなる。
アカスジキンカメムシ成虫、左ページ４。

アカスジキンカメムシ　幼虫（*Poecilocoris lewisi*/成虫 9〜12 mm）

美しいガのなかま
Beautiful moths

5月中旬の晴れた朝、利根川土手のギシギシに何かハンカチのようなものが…。
近寄るとなんとオオミズアオがじっと草に止まっていた。早朝の空の色のように美しかった。

水辺で出会った宝石のようなガ。

上2点ともツマキホソハマキモドキ
(*Lepidotarphius perornatellus*/13.5〜18.5 mm)

コラム P154 参照。

名前がわかって嬉しかったガ。

オオナミモンマダラハマキ
(*Charitographa mikadonis*/15〜16 mm)

オオミズアオ (*Actias aliena*/80〜120 mm)

美しいがのなかま
Beautiful moths

ベニシダの葉に止まっているシマシマの美しいガを発見！
逆立ちして腹端を反り返らせるという奇抜な姿勢で止まる。

ナミガタシロナミシャク（*Callabraxas Compositata*/33～40 mm）

フチベニヒメシャク（*Idaea jakima*/14～19 mm）

ウスキツバメエダシャク
(*Ourapteryx nivea*/36〜59 mm)

普通種の中でも、とびきり美しい純白のガ。
水彩画ではうまく表現できないが、写真を拡大して見ると翅の白い鱗粉がキラキラ輝いている。

ちょっと見はきれいなアメフラシかきれいなイモムシのようなガ。
翅を広げて逃げた時、やはりガだったことを思い出した。　　ビロードハマキ（*Cerace xanthocosma*/34〜59 mm）

Column

虫の名前 Searching for the name of an insect

"スマホで虫の名前が検索できる" というアプリがあるのは知っている。すぐわかるのは便利だと思うが、ちょっとずるいし何よりもったいない。例えばあるハマキガのなかま、名前を知りたいが、普通の図鑑を見ても全く載っていない。ガ専門の図鑑はかなり高いからネットで調べることにする。おやおや "ハマキガ" で50ページほどある。うんざりしながらページをめくり「似てる、でもちがう」を何度もくり返し、「あ、これだ！」というガをみつけた時のうれしさときたら！

こうしてみつけたのが "オオナミモンマダラハマキ"（結びの章 P151）である。これもひとつの虫の遊び方。

虫の絵を描く Drawing insects

便利なことに、今時はパソコンで検索すれば虫の美しい写真はいくらでもみつけることはできる。虫のデザインが素晴らしいのだから当然かもしれない。でも私は自分で足を運んで虫をみつけ、自分で撮った写真でなければ描かない。自分の目で見た虫でないと描く意味がない。同じ理由で標本の虫も描かない。色も形も生きた虫とは違う。自然の中でやむをえない事情で死んだ虫を拾って描くことはあるが、それも必然性がある時だけ。

そういうわけでこの本に登場する虫は、すべて私が茨城県南や旅先で出会い、自分で撮った虫たちである。パソコン画像を拡大し、その時の光や風を思いながら描いている。ピントが合っていれば、引き伸ばしていくと共に触角のまだら模様、脚にはえている毛や複眼の輝きまで見えてくる。今どきのデジタルカメラのおかげである。想像を超える奇抜なデザインは、細部に致るまで実によく出来ていて、絵を描きながら感嘆することしきりである。

モモチョッキリ（モモチョッキリゾウムシ）
（*Rhynchites heros*／6〜10 mm）（図鑑より）

虫めづる姫の今昔
Insect-loving little princess

"虫めづる姫" 小さい頃、母は私をそう呼んでいた。庭で花や野菜の世話をする祖父の横で、私は土や草をいじって遊んでいた。庭へ降りる踏み石の脇のジグモの巣を引っ張り出して遊んだり、庭に落ちていたセイボウのキラキラした骸を画用紙にはりつけてペンダントにしたり。庭のオレンジ色のオニユリと黒いアゲハのことも覚えている。

初めて色鉛筆で描いた虫は、大きなカブトムシ。図鑑を写したその絵を、母はウチワにはりつけてくれた。「これはよう出来とる」祖父はウチワを長い間愛用していた。

ある日庭の桃の実に小さなゾウムシがいた。図鑑を見ていたので虫の名前はわかっていた。私はそれをつまんで、大人たちが集まる部屋へ走り、大得意で「モモチョッキリゾウムシ」と叫んだ。大人たちは笑い、笑われた訳がわからず私は大泣きした。

それから半世紀以上が過ぎた今、私はやはり虫を追いかけている。虫が好きで、虫に会いたくて野に出かけ、虫と時間を共にするために絵を描き、人にも見てもらいたくなって、虫の本まで作ってしまった。

おわりに
Epilogue

　この本を開いて下さった皆さま、虫が好きな方も、そうでない方も、私たちの身の回りにこんなに様々の虫がいることをわかっていただけたでしょうか。

　もし目の前に虫が姿を現しても、それぞれ小さい体で必死に生き抜いていることを思い出して、地球上に共に生きる者として、やさしく見守っていただければ幸いです。虫の種類は限りなく多く、まだまだ会いたい虫、描きたい虫はたくさんあります。身体を整えて、また里山へ虫に会いに行きたいと思っています。

　本を出すに当たって、虫の種の同定をしていただいた茨城県自然博物館の久松正樹先生、石塚武彦先生、植物の種の同定をしていただいた茨城県霞ケ浦環境科学センターの小幡和男先生、どうもありがとうございました。そして、植物画の魂を教えて下さった西村俊雄先生、私の虫の絵は植物画の勉強なしには描くことはできませんでした。本当にありがとうございました。

　一緒に散歩したり、文章をチェックしてくれた夫と、欧文をつけてくれた娘夫婦にも感謝です。

　最後に、出版社のみなさま、いろいろお世話になりありがとうございました。

アカハネムシ（*Pseudopyrochroa vestiflua* / 12〜17 mm）

参考文献 ─────────────────────────

『検索図鑑　日本の蝶』
　　藤岡知夫、主婦と生活社、1975 年

『新版　昆虫探検図鑑 1600』
　　川邊透、全国農村教育協会、2014 年

『茨城の昆虫生態図鑑』
　　茨城昆虫同好会・茨城生物の会、メイツ出版、2017 年

『昆虫観察図鑑』
　　築地琢郎、誠文堂新光社、2011 年

『くらべてわかる昆虫』
　　永幡嘉之、奥山清市、山と溪谷社、2017 年

『くらべてわかる甲虫　1062 種』
　　町田龍一郎、山と溪谷社、2019 年

『カメムシ博士入門』
　　安永智秀、前原諭、石川忠、高井幹夫、全国農村教育協会、2018 年

『昆虫たちの世渡り術』
　　海野和男、河出書房新社、2016 年

『ハチハンドブック』
　　藤丸篤夫、文一総合出版、2014 年

『イモムシハンドブック 1』
　　安田守、文一総合出版、2010 年

『イモムシハンドブック 2』
　　安田守、文一総合出版、2012 年

『イモムシハンドブック 3』
　　安田守、文一総合出版、2014 年

『新カミキリムシハンドブック』
　　鈴木知之、文一総合出版、(新) 2017 年

『オトシブミハンドブック』
　　安田守、文一総合出版、2009 年

『ハムシハンドブック』
　　尾園暁、文一総合出版、2014 年

『テントウムシハンドブック』
　　阪本優介、文一総合出版、2018 年

『ハエトリグモハンドブック』
　　須黒達巳、文一総合出版、2017 年

『クモハンドブック』
　　馬場友希、谷川明男、文一総合出版、2015 年

『昆虫図鑑─みぢかな虫たちのくらし』
　　長谷川哲雄、ハッピーオウル社、2004 年

索　引

虫, その他
Incects, etc

草花, きのこ
Flowers, mushrooms

ア

シマサシガメ（*Sphedanolestes impressicollis*/13〜16 mm）

虫めづるばぁばの
里山の虫図譜
Illustrated book of satoyama insects
by insect-loving grandma

2024 年 3 月 14 日　初版第 1 刷発行

著　　者　本田尚子
発　行　所　株式会社共同文化社
　　　　　　〒060-0033　札幌市中央区北 3 条東 5 丁目
　　　　　　Tel　011-251-8078　Fax　011-232-8228
　　　　　　E-mail　info@kyodo-bunkasha.net
　　　　　　URL　　https//www.kyodo bunkasha.net/
印刷・製本　株式会社アイワード

ISBN　978-4-87739-397-7
C0070　￥2200E